ジェームズ・ウェッブ… …の一角。ここは
新しい星々が創られ… …を宿す惑星は生ま
れるのだろうか（第5章

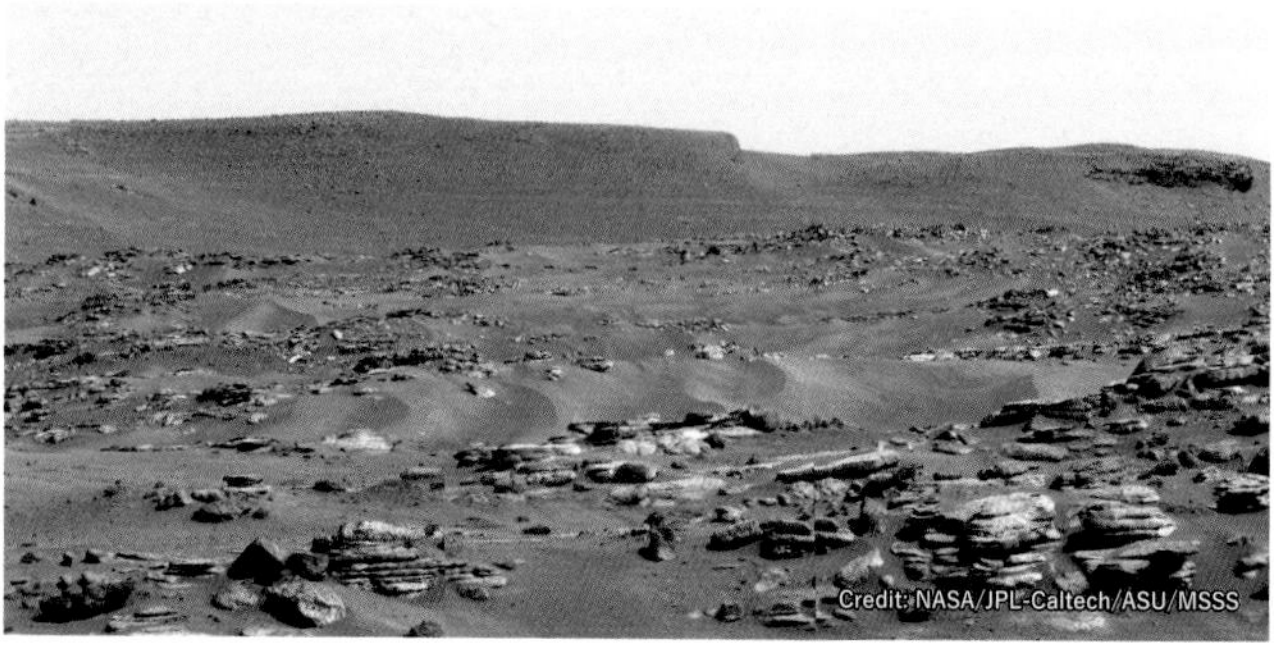

2021年に火星に着陸したパーサヴィアランスによるパノラマ画像。ここはかつて湖底だった。遠方の丘は三角州である。ここに生命は存在したのだろうか？　空が青く写っているのは色彩が強調されているため（第4章）

2021年、火星ヘリコプター・インジェニュイティは史上はじめて地球以外の空を飛行した。写真は2023年のFlight 54のもの（第4章）

火星の夕焼けは青い。青い夕日が沈んだ後に輝く青い二番星が、地球である

右ページのパノラマ写真の続き

ゴッホの「星月夜」のような木星の渦

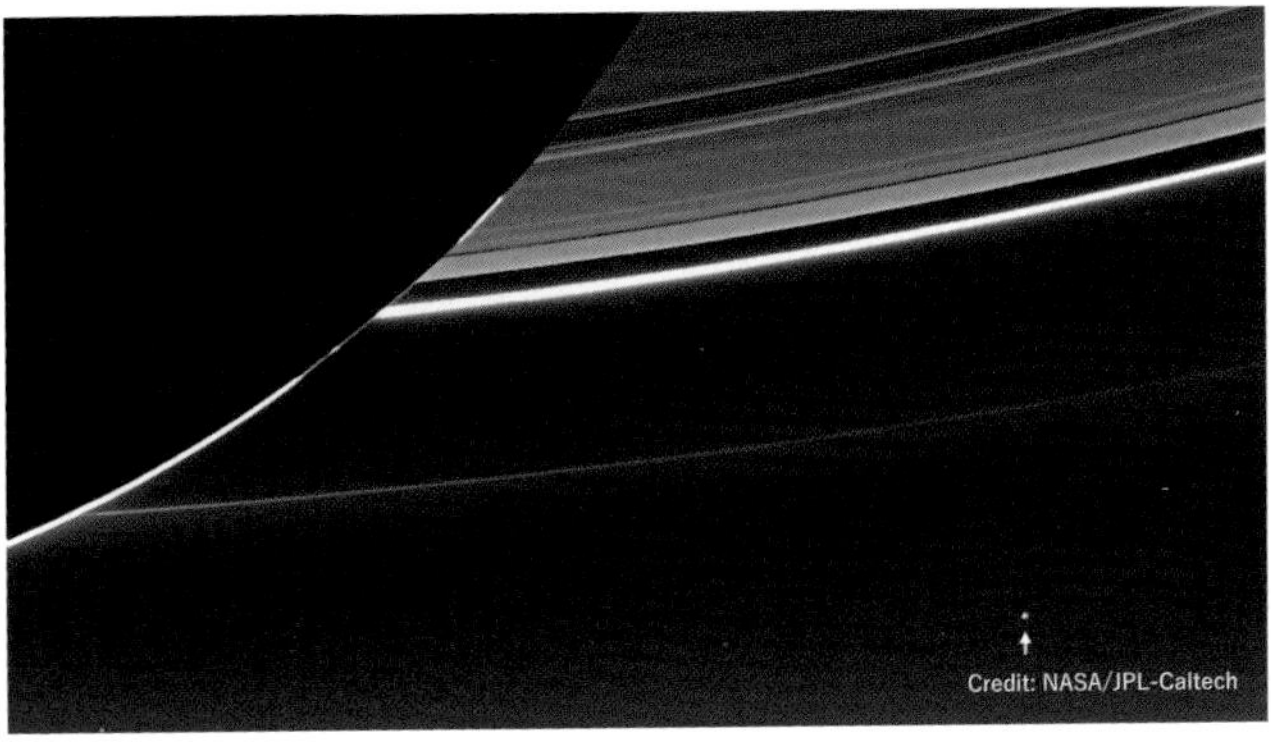

土星から見た地球

土星の衛星エンケラドス。この世界を覆う分厚い氷の下には液体の水を湛える海があり、氷の割れ目を通って蒸気が噴き出している。土星探査機カッシーニは蒸気の中を飛行し、海に生命が存在する可能性を調べた(第3章)

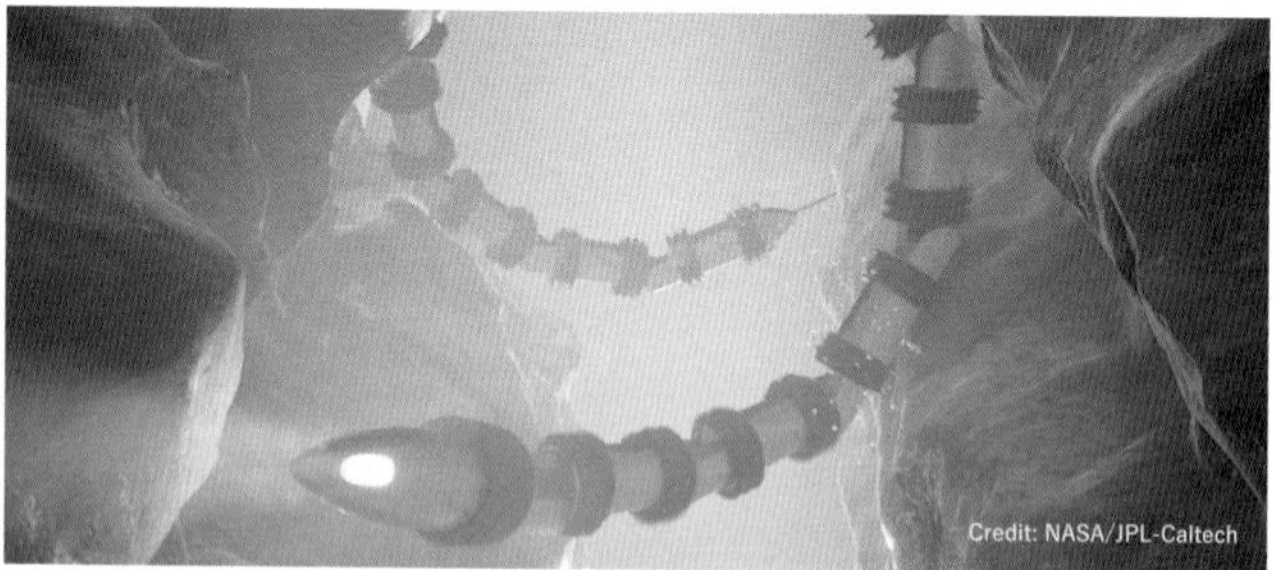

その海に何かいるのだろうか?何がいるのだろうか?そんなイマジネーションに駆られ、筆者のチームは現在、エンケラドスの氷の割れ目を降下し海へと至る「EELS」というヘビ型ロボットを研究している(第4章)

2023年にカナダの氷河で行われたEELSの実験。氷上を移動し、垂直の穴を昇降できることを実証した。エンケラドスの氷底の海へ、一歩近づいた

新版　宇宙に命はあるのか

生命《われわれ》の起源と未来を求める旅

小野雅裕

SB新書
655

新版刊行に寄せて

二〇十八年に本書旧版が刊行されてから六年が経った。六年で人類の旅はどれほど前進しただろうか。

僕が携わるNASAの火星ローバー・パーサヴィアランスが35億年前に湖だった場所に着陸し、過去に存在したかもしれない火星生命の痕跡を追っている。火星のクリーム色の空を小型ヘリコプターが舞い、火星の石を地球に持ち帰るサンプルリターン計画が進行している。ジェームズ・ウェッブ宇宙望遠鏡は宇宙創生から間もない頃の銀河の姿を捉えた。千を超える系外惑星が新たに発見された。日本を含む世界中の民間企業が月への一番乗りを競い、JAXAのSLIMは日本初の月面着陸を成功させた。人類を再び月へと送り込むためのNASAの超大型ロケットSLSが初飛行し、火星移住を掲げるSpaceX社の完全再使用型超大型ロケットStarshipが二度の試験飛行を行った。

この目まぐるしい進歩に追いつくため、新版では全章にわたって内容をアップデートし、とりわけ地球外生命探査の最前線を描いた第四章はほぼ全面的に書き直した。

一方で、時を経ても変わらぬものもある。第一章に描いた約２００年前から始まる宇宙への夢と挑戦のストーリー。第五章に記した数千年の将来へと及ぶビジョン。そして何よりも、過去から現在、そしてはるか未来まで我々を未知の宇宙へと駆り立てる、人類の集合的心理の最も深い部分にあるあの「何か」。それは未来永劫決して変わらない。それが本書の最大のテーマでもある。

進歩の中の普遍性。不変のリズムから現れる新たな調べ。最新のテクノロジーに宿る人類最古のイマジネーション。それを感じながら、新版を楽しんでいただければと思う。

二〇二四年三月四日
地球にて

小野雅裕

筆者注

英語のworldという単語には「惑星や衛星」という意味がある。たとえば名作SF『宇宙戦争』の原題はThe War of the Worldsだが、これは惑星間の（つまり地球と火星の）戦争、という意味だ。一方、starという語は太陽のように自ら光る恒星を指し、惑星や衛星は含まない。

だが、worldという言葉には辞書的な意味以上の何かがある。僕がworldと聞いて想像するのは、地球のように地があり、空があり、山があり、日が昇り、沈む「世界」だ。月にも、火星にも、土星の衛星エンケラドスにも、それぞれの「世界」が広がっている。その世界には何があるのだろうか？　何がいるのだろうか？　イマジネーションをかきたてる響きが、worldという語にはある。

本書で描くのは地球外のworldへの旅であるが、ちょうど良い日本語がない。そこで本書では、「世界」という言葉を、worldと同じ意味で用いることにする。

序

想像してみよう。遠くの世界のことを。

想像してみよう。あなたは火星の赤い大地に立ち、青い夕日が沈むのを見ている。

想像してみよう。あなたは宇宙船の窓から「星月夜」の絵のような木星の渦を間近に見下ろしている。

想像してみよう。あなたは土星の衛星タイタンの湖岸に立っている。オレンジ色の雲から冷たいメタンの雨が降り、湖面に輪を描いている。

今、あなたの心の奥深くで何かが戦慄《わなな》くのを感じなかっただろうか？　何かが囁くのが聞こえなかっただろうか？　言葉になる前の、意識にすら上る前の、何かが。

それは古い。とても古い。スプートニクよりも、コペルニクスよりも、ホメロスよりも、ストーンヘンジよりも古い。川や森や山よりも古いかもしれない。

それは寄生虫のように人から人へと伝染する。人類の集合的な心の奥底に潜り込み、人の夢を、好奇心を、欲望を見えない糸で操り、人類の歴史、運命、未来に干渉する。

それは一体、何だろう？

その「何か」がこの本のテーマだ。この本は宇宙探査の本である。だが、主人公は宇宙飛行士ではない。政治家や起業家でもない。「何か」に取り憑かれた技術者、科学者、小説家、そして無名の大衆だ。人類の過去の旅路を振り返り、未来の旅を予見しながら、その「何か」とは何なのか、そしてそれは人類をどこへ導いていくのかを、考えてみたい。

本書は五つの章から成る。

第1章は旅立ちの話だ。いかに人類が重力の束縛を逃れ宇宙へ飛び立ったかを描く。主人公は二人の天才技術者。彼らは若くしてその「何か」に取り憑かれ、「悪魔」に魂を売って夢を叶えた。そして人類に悲劇と進歩をもたらした。彼らの栄光を、闇とともに描く。

第2章はアポロ計画の話だ。だが、テレビなどでよく見るアポロの話とはだいぶ違うかもしれない。宇宙飛行士やケネディ大統領に脇役に回ってもらったからだ。代わって主役を演じるのは、権威と常識に反抗しアポロを陰から成功に導いた、二人のあまり知られていない技術者である。

第3章は太陽系探査の話である。太陽系の果てまで送り込まれた無人探査機は数々の驚くべき発見をした。火星は過去には水の惑星だった。木星の衛星イオでは数百の火山が常に噴煙を上げていた。木星の衛星エウロパや土星の衛星エンケラドスの氷の下には豊かな液体の水を湛える海があった。発見の裏には、あの「何か」に取り憑かれ、ワシントンに反旗を翻した反抗的な技術者と科学者がいた。

第4章は地球外生命探査の話だ。我々は何者か。我々はどこから来たのか。我々はひとりぼっちなのか。その答えを求めて、我々は宇宙に命を探す。地球外生命探査は現在のNASAの最重要目的のひとつである。僕も火星ローバー・パーサヴィアランスの開発・運用メンバーの一員として、その一端に携わっている。また、将来エンケラドスの氷の下の海の探査を可能にするためのロボットの研究も行っている。自身の体験を交えながら、地球外生命探査の最前線を描く。

第5章は地球外文明探査の話である。宇宙人はいるのか？　いないはずはない、と僕は思う。ではどこにいるのか？　いかにして探すのか？　なぜまだ宇宙人は人類にコンタクトしてこないのか？　コンタクトは人類をどう変えるのだろうか？　系外惑星探査から話を起こし、想像の船はこの先千年、一万年、さらにその先の未来に至る。

なぜ僕はこの本を書いたのか。その「何か」に書けと命じられたからだ。それは七歳の時に僕の心に浸潤した。それ以来、僕は「何か」の忠実な下僕である。「何か」はもっと増殖したいと欲している。この本は、その「何か」をあなたの心に侵入させ、繁茂させるためのアプローチである。

新版 宇宙に命はあるのか ● 目次

※本書は、２０１８年２月に小社より刊行された『宇宙に命はあるのか』を、加筆・修正・再編集したものです。
※第１章を子ども向けに書き直した児童書『宇宙の話をしよう』が出版されています。

本書に登場するアメリカの場所

※ロケット・宇宙探査機は主に開発された場所を示しています。
製造や打ち上げが行われた場所は異なります。

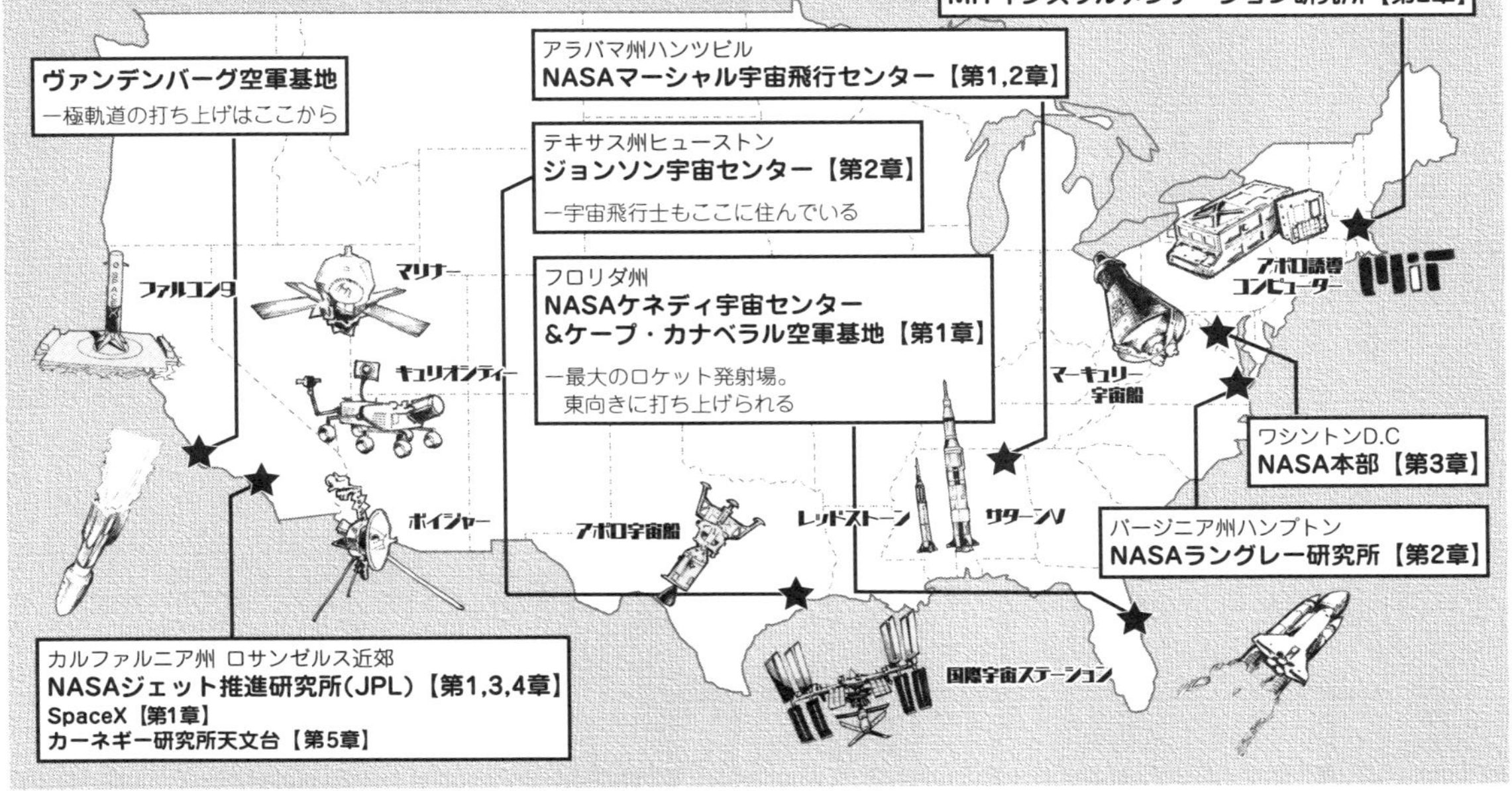

世界と宇宙探査機

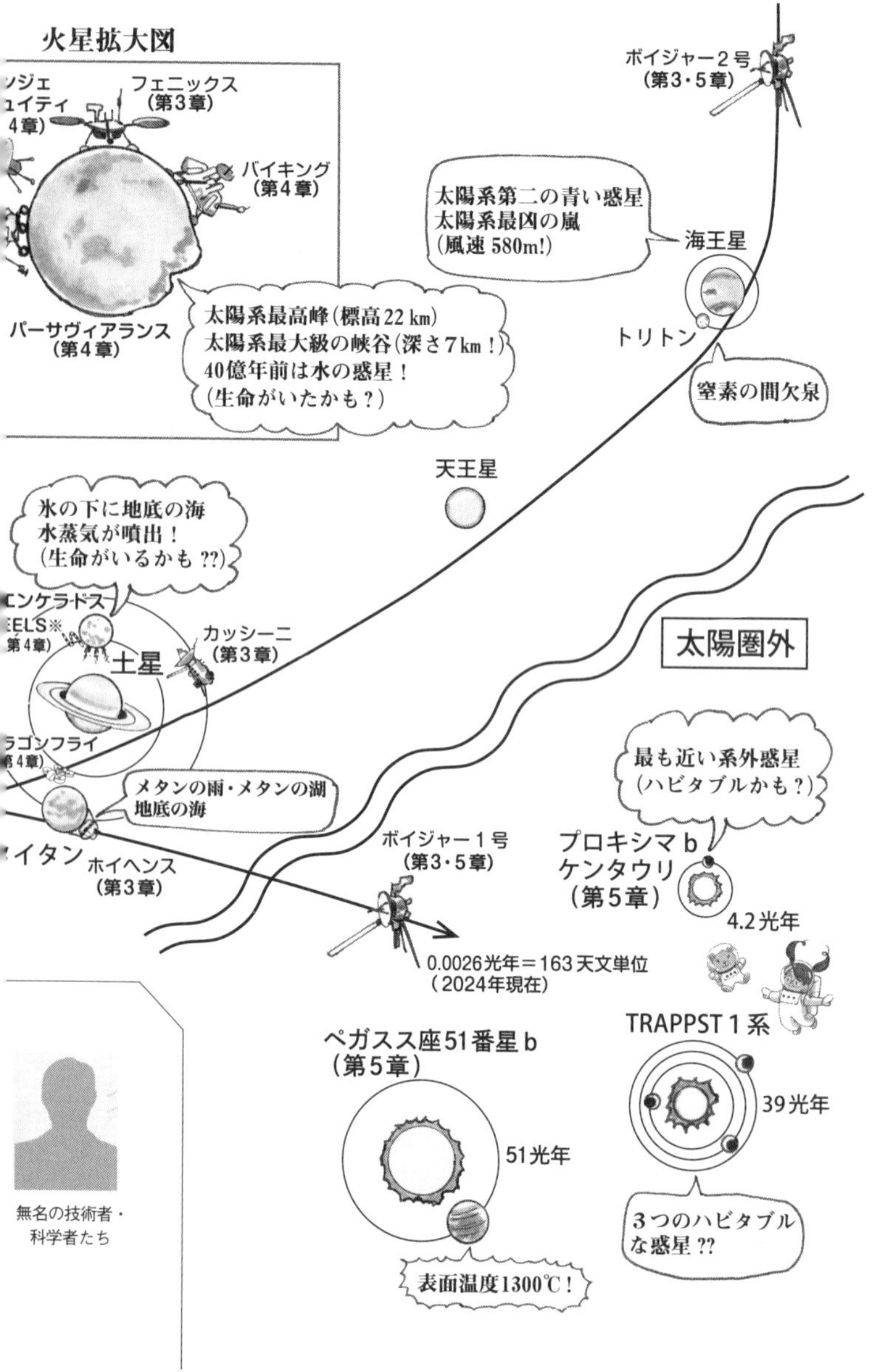

火星拡大図
ンジェ
ュイティ
4章)
フェニックス
(第３章)
バイキング
(第４章)
パーサヴィアランス
(第４章)
太陽系最高峰(標高 22 km)
太陽系最大級の峡谷(深さ７km！)
40億年前は水の惑星！
(生命がいたかも？)
ボイジャー２号
(第3・5章)
太陽系第二の青い惑星
太陽系最凶の嵐
(風速 580m!)
海王星
トリトン
窒素の間欠泉
天王星
氷の下に地底の海
水蒸気が噴出！
(生命がいるかも ??)
エンケラドス
EELS※
第４章)
カッシーニ
(第３章)
土星
ラゴンフライ
第４章)
メタンの雨・メタンの湖
地底の海
イタン
ホイヘンス
(第３章)
太陽圏外
ボイジャー１号
(第3・5章)
0.0026光年＝163 天文単位
(2024年現在)
最も近い系外惑星
(ハビタブルかも？)
プロキシマ b
ケンタウリ
(第５章)
4.2光年
TRAPPST 1 系
39光年
3つのハビタブルな惑星 ??
ペガスス座51番星 b
(第５章)
51光年
表面温度1300℃！
無名の技術者・
科学者たち

本書に登場する

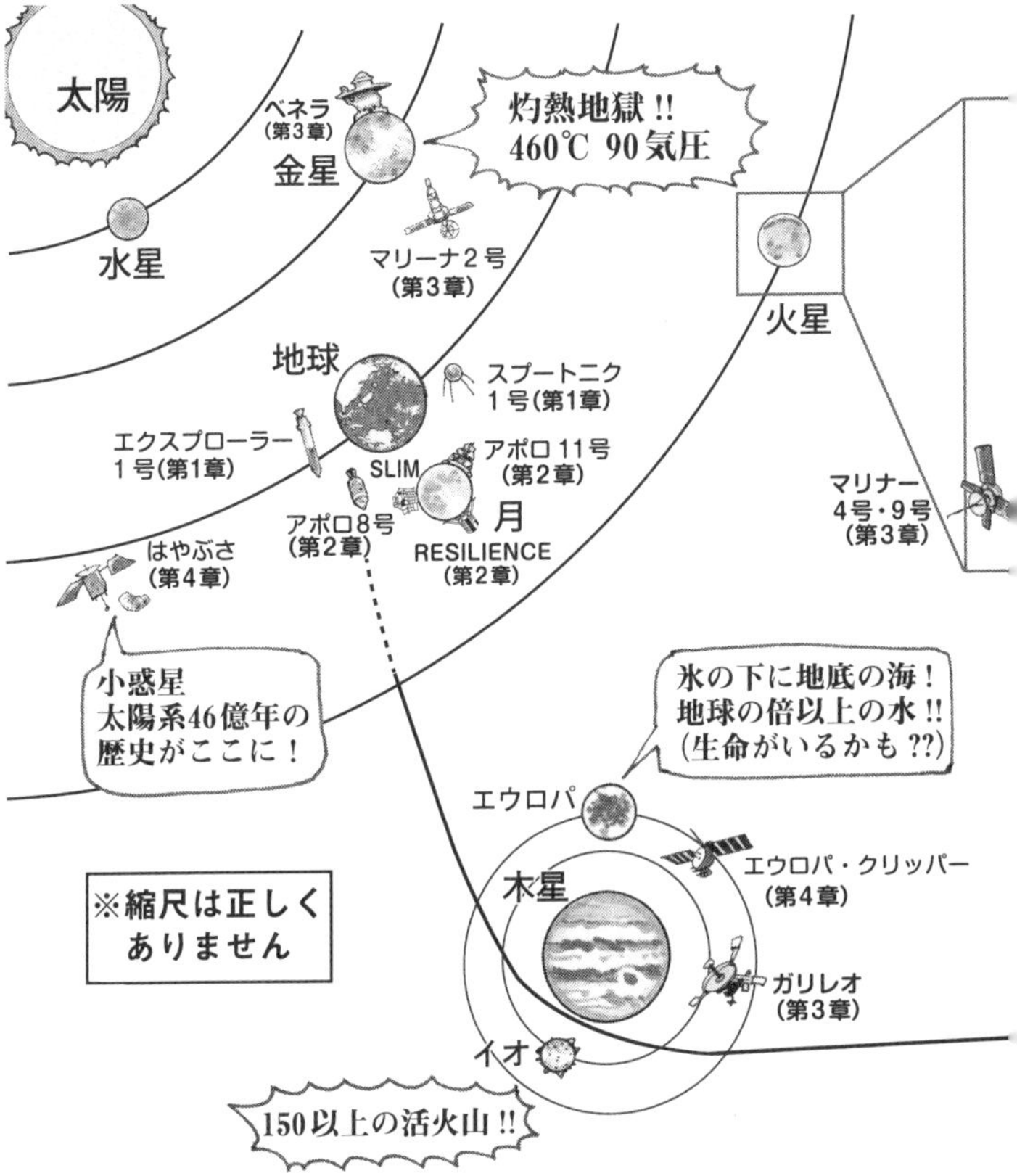

※EELSは予定されているミッションではなく構想です。

本書の主要な登場人物

ジュール・ベルヌ 第1章 | フォン・ブラウン[1] 第1・2章 | コロリョフ 第1章 | ヒトラー[2] 第1章 | ジョン・ハウボルト[1] 第2章 | マーガレット・ハミルトン[3] 第2章 | カール・セーガン[4] 第3・4・5章 | ジェフ・マーシー[1] 第5章

Image credits: [1] NASA, [2] German Federal Archive, [3] Daphne Weld Nichols, [4] Michael Okoniewski

新創世記

創世記は神が世界を1週間で創造したと記している。では、宇宙の138億年の歴史を1週間に縮めてみよう。

月曜日午前0時（138億年前）宇宙の誕生

月曜日午前5時（134億年前）最初の星の誕生（第5章）

金曜日午後4時（46億年前）太陽系・地球の誕生

金曜日午後6時～午後10時（44億～41億年前）海の誕生

金曜日午後11時（約40億年前？）生命の誕生（第4章）

日曜日午後9時15分（2億2千5百万年前）哺乳類の誕生

日曜日午後11時59分49秒（25万年前）ホモ・サピエンスの誕生

日曜日午後11時59分59．6秒（1万年前）文明の誕生

日曜日午後11時59分59．995秒（1894年）初の電波による通信

日曜日午後11時59分59．9971秒（1957年）スプートニク1号による初の人工衛星（第1章）

日曜日午後11時59分59．9976秒（1969年）アポロ11号による地球以外の世界への人類初到達（第2章）

日曜日午後11時59分59．9995秒（2012年8月25日）ボイジャー1号による人工物の太陽圏外への初到達（第3章）

ちなみに、人の80年の一生は0．0035秒である。

プロローグ

二〇〇八年四月三日。地上約４００㎞を周回する国際宇宙ステーションに、一艘の船が接近しつつあった。

船の名は「ジュール・ベルヌ」。欧州補給機（ＡＴＶ）の初号機で、船名はもちろん「ＳＦの父」と呼ばれる十九世紀の作家ジュール・ベルヌから取られたものだ。ＡＴＶとはかつて欧州宇宙機関（ＥＳＡ）が打ち上げていた、宇宙ステーションに食料、水、実験装置などを運ぶための無人の補給船である。

「テレメトリー、ノミナル。コンタクト待機。」

管制官が淡々と呪文のような技術用語を唱える中、ジュール・ベルヌはゆっくりとドッキングポートへ接近していった。ドッキングは全自動で、宇宙飛行士の仕事は異常時に緊急停止スイッチを押すことのみである。

「ステップ16……ステップ17、ドッキング。」

宇宙ステーションに軽い振動が伝わった。ドッキング成功。拍手に沸く地上の管制室。

一方、宇宙飛行士たちの口にはよだれが分泌された。久しぶりの新鮮な食品にありつけるからだ。宇宙食は、アポロ時代のチューブから絞り出すねり歯磨きのようなものと比べればだいぶマシになったが（たとえば日本は「宇宙ラーメン」を開発した）、生野菜や果物は船が着いた時しか食べられない。

宇宙飛行士はハッチを開け、早くリンゴにかじりつきたい気持ちを抑えつつ、ジュール・ベルヌから貨物を運び出す作業に取り掛かった。食料、衣類や実験器具に交じって、船にはある「記念品」が積まれていた。

それはビニール袋にパックされた古い本だった。二編の小説が収録された分厚い合本で、四色刷りのカラフルな表紙には金色の地球が鎖でぶら下がっており、その上に描かれた赤いプレートに古めかしい書体で二編のタイトルがフランス語で書かれていた。

De la Terre à la Lune
Autour de la Lune

邦題は『地球から月へ』『月世界へ行く』。一八六五年および一八七〇年に出版された、「SF の父」ジュール・ベルヌの作品である。

その印刷されて百年以上経つインクのかすれた紙の束には、あの「何か」が潜んでいた。

第1章

幼年期の終わり

フォン・ブラウンとサターンVロケット第一段　Image credit: NASA

Imagination is more important than knowledge.
（イマジネーションは知識より大事だ。）
アルバート・アインシュタイン

一八四〇年。ある十二歳の少年が、フランス西部サン＝ナゼールの海岸に立ち、大西洋を見ていた。どこまで続くかわからぬ紺青。陽光を照り返し星のように瞬くさざ波。少年は海を見るのが初めてだった。ナントという川の上流の港町に育ったから、毎日船に染み込んだ海の匂いを嗅ぎ、船乗りの冒険談を聞いていたが、自分の目で見たことはなかった。海に憧れ、海を夢見た。憧れた海が今、目の前に広がっている。つま先を波が濡らした。思わず海水を手に掬って飲んだ。そこは少年のイマジネーションの波打ち際でもあった。向こう側に続くのは果てしない未知の海。浮かぶのは見たことのない大陸や島々。そこに何かいるのか、何がいるのか。少年の心は、いつの間にか幽霊のように七つの海を飛び越え、彼方の地を旅しただろう。彼の心の中では何かが戦慄《わなな》いている。蠢《うごめ》いている。そして囁いている。何かが……。

その少年は名を、ジュール・ベルヌといった。

ベルヌ少年が「SFの父」になるまでには紆余曲折があった。父が弁護士だったため二十歳でパリの法律学校に行かされたが、彼の本当の興味は文学にあった。卒業後も親のスネをかじりながらパリに居座り、文学サロンに出入りしながら劇を書いたが、最初の十年は鳴かず飛ばずだった。

試行錯誤の末、ベルヌは少年時代のイマジネーションに立ち戻った。育った町で嗅いだ海の匂い。ロワーヌ川を行き交う船の白帆。そして想像した海の向こうの見知らぬ世界。そこに何かいるのだろうか？　何がいるのだろうか？

ベルヌの少年時代のイマジネーションは、『気球に乗って五週間』という小説として結晶化した。気球でアフリカを冒険する物語だ。冒険小説自体は既に山のようにあったが、この小説の主人公は魔法の力で空を飛びドラゴンを倒すのではなく、科学の力で困難に立ち向かった。入念に調べて書かれた科学技術の描写は空想にリアリティーを与えた。ちょうど産業革命が行き渡った時代のフランスの読者に、この新しいジャンルの小説、空想科学小説（SF）は熱狂的に受け入れられた。

それ以降、ベルヌは冒険SFの傑作を量産した。『海底二万マイル』『八十日間世界一周』といった作品名にきっと耳馴染みがあるだろう。たとえ本を読まない人でも、東京デイズニーシーに行ったことがあるならば『地底旅行』（センター・オブ・ジ・アース）や『神秘の島』（ミステリアスアイランド）といったベルヌ作品を体験したことがあるに違いない。*1

どうしてベルヌが月旅行の話を書こうと思ったのか？　そのインスピレーションはどこから来たのか？　僕が調べた限り記録はなかった。カミーユ・フラマリオンという天文学者による一般向けの著作から天文学の知識を得たことはベルヌ自身が語っているが、それが着想の原点であったかどうかはわからない。夕日を見ても太陽に行きたいと普通は思わないように、月を見ても、知識があっても、そこへ「行く」という発想は簡単に出てくるものではない。アポロの百年も前に、一体何が、月への旅というはるか先を行くアイデアを彼の心に囁いたのだろうか？

一八六五年に出版された『地球から月へ』は大ベストセラーとなり、各国語に翻訳され、何万部と刷られて世界中の本屋に並んだ。

その一冊は約百五十年後に国際宇宙ステーションに運ばれることになる。

その一冊は、一八五七年にロシア帝国モスクワ郊外の町に生まれた、コンスタンチン・ツィオルコフスキーという難聴の少年の手に渡った。

その一冊は、一八八二年にアメリカ合衆国マサチューセッツ州ウースターに生まれた、

*1　ちなみに、パリのディズニーランドのスペース・マウンテンは2005年までは『地球から月へ』をテーマにしたものだった。

『地球から月へ』の挿絵

ジュール・ベルヌ

ロバート・ゴダードという過保護に育った少年の手に渡った。

その一冊は、一八九四年にオーストリア＝ハンガリー帝国のドイツ人家庭に生まれた、ヘルマン・オーベルトという頑固な少年の手に渡った。

三人の少年はこのSFに夢中になった。そしてジュール・ベルヌの心の中で戦慄き、蠢き、囁いた「何か」が、三人の少年の心の奥深くに静かに忍び込んだ。

三人はやがて「ロケットの父」と呼ばれる研究者となる。

ロケットの父の挫折

一八九九年の晩秋のある午後、まだ「ロケットの父」になる前の十七歳のゴダードは庭の桜の木に登って空を見上げていた。SFに夢中だった彼の網膜に映っていたのは、現実世界の空ではなく、空想世界の宇宙だった。

「私はノコギリで桜の木の枯れた枝を切り落としていた……そして私は想像した。火星へと昇っていくことのできる機械を作ることができたらどんなに素晴らしいだろうかと……私は木から降りた時、登った時とは違う少年になっていた。なぜなら自分の存在に目的を見出したからだ。」

火星へと昇っていくことのできる機械を作る。人生の目的を決意したこの日をゴダードは「アニバーサリー・デイ」と呼んで毎年祝った。この桜の木を何度も写真に撮ってアルバムに貼った。

過保護な母と祖母のせいで高校は二年遅れだったが、成績は優秀だったようで卒業式で総代としてスピーチをした。その原稿が残っている。それは宇宙時代を予言するような言葉だった。

「何かを不可能と決めつけるのは無知のせいにすぎないと、科学は教えてくれた。個人においても、何が限界か、何が手が届く範囲にあるのかはわからない。どれだけ成功できるかは真摯に挑戦するまでわからない。勇気が持てぬなら思い出してほしい。全ての科学もかつては幼かったことを。科学は繰り返し証明してきたのだ。**昨日の夢は今日の希望となり、明日の現実となることを。**」

では、「ロケットの父」は具体的に何をしたのか？　ロケットを発明したのは彼らではない。火星に行くロケットも作ることができなかったばかりか、彼らのロケットは宇宙に届きすらしなかった。それなのになぜ、彼らは「ロケットの父」と呼ばれるのか？

「ロケットの父」の功績は大きく二つある。一つは、そもそも宇宙に行くことを可能にする技術がロケットであると気づいたことである。

読者の皆さんは戸惑うかもしれない。気づくも何も、現代ではロケットで宇宙へ行くことが常識になっているからだ。

どんな常識も昔は常識ではなかった。ロケットの父が少年時代に夢中になった、ジュール・ベルヌの『地球から月へ』のストーリーを振り返ってみよう。

このSFは一言で言えば「大砲に人が乗って月を冒険する話」である。アメリカのフロリダ州に長さ270mもの巨大な大砲を建設し、三人の男と二匹の犬を乗せた砲弾を月に向けてぶっ放す。砲弾は月を周回した後、幾多の危機を乗り越えて地球に帰還し、無事太平洋に着水する。

なぜロケットではなく大砲だったのだろうか？[*2]

ロケットは遅くとも十三世紀には中国で発明され、兵器として用いられていた。その技

---

*2　ベルヌが科学考証を無視したわけでは断じてない。その証拠に、たとえば作中で月に行くために砲弾を秒速11kmで打ち出すことが書かれているが、この数字はニュートン力学に基づいて計算されており、実際にアポロ計画における月軌道投入の初速度（秒速10.4km）とほぼ一致する。

術はモンゴル帝国のヨーロッパ侵攻を通してヨーロッパにも伝わっていた。それなのになぜ、ベルヌは作中でわざわざ主人公をロケットではなく大砲に乗せたのだろうか？

答えは単純だ。十九世紀、ロケットは時代遅れの技術だったのだ。当時のロケットはロケット花火に毛が生えたようなもので、飛距離は短く、目標に命中させることも困難だった。敵を殺傷する能力はなく、音と光で敵を驚かすのがせいぜいだった。それに比べ、大砲はすでに2km近い射程があり、目標に正確に命中させる軌道の計算法も確立していた。ロケットは六百年前の廃れた技術であり、大砲こそが当時の最先端だった。ロケットのような前時代的な技術で宇宙へ行けるとは、当時の誰にも想像がつかなかったのである。

だが、現実には大砲で宇宙へ行くことは不可能だ。秒速11kmで打ち出しても猛烈な空気抵抗ですぐに墜落してしまう。仮に宇宙空間に出ることができても、加減速したり方向を変えたりすることはできない。

ならば、何を使えば宇宙飛行を実現できるのか？

「ロケットだ。」

そう気づいたのが、ロケットの父たちだった。[*3] この気づきこそが宇宙工学史上最大のブレイクスルーと言えるだろう。六百年も前の技術に宇宙への扉の鍵が隠されていたとは。

もちろん、ロケット花火に毛が生えたような十九世紀のロケットをそのまま使って宇宙

＊3　発見はツィオルコフスキーが1903年、ゴダードが1909年だったが、ツィオルコフスキーの論文はロシア語でしか出版されなかったため、ゴダードはその存在を知らなかった。一方、オーベルトはこのことを独立して発見したのではなさそうである。よってツィオルコフスキーとゴダードの二人のみを指して「ロケットの父」と呼ぶこともある。

へ行くことが不可能なのは明らかだった。

宇宙飛行を実現するには、ロケットを秒速7．9㎞まで加速する必要がある。時速に換算すれば2万8，000㎞。東京から大阪まで一分で行けてしまう猛速度だ。「第一宇宙速度」と呼ばれるこの速度にまで物体を加速すれば、地球に再び落ちて来ることなく人工衛星となる。

いかにすれば、六百年前の枯れた技術を、秒速7．9㎞で宇宙を飛ぶ乗り物に生まれ変わらせることができるのだろうか？

それに答えを出したことが、「ロケットの父」の第二の功績だった。

答えは、液体燃料ロケットだった。現代でも宇宙ロケットの大部分は液体燃料ロケットである。それがいかなるものか、それまでのロケットとどう違うかは、後ほど説明しよう。

しかし、ロケットの父は実際に宇宙へ行くロケットを作ることはできなかった。もちろんそれは技術的に簡単なことではなかった。だが、最大の壁は「世の無理解」だったかもしれない。彼らは、時代の先を行き過ぎていた。

一九二六年三月十六日、まだ雪の残るマサチューセッツ州オーバーンで、歴史的な実験は行なわれた。ゴダードが開発した世界初の液体燃料ロケット[*4]は火を噴いて離陸した後、2．5秒間飛行し、隣のキャベツ畑に墜落した。到達高度はたったの12m。だがこの12m

*4　液体燃料ロケットのアイデアを最初に思いついたのもツィオルコフスキーだったが、彼はそれを実際に作ることはしなかった。

こそは、人類の宇宙への旅の記念すべき第一歩に違いなかった。

その後もゴダードはロケットの実験を繰り返した。それを人々はどう見ていたか？　ワクワクしながら見ていたのか？　未来の予感に興奮していたか？

人々の目は、冷たかった。ニューヨーク・タイムズ紙はこんな社説を掲載した。

クラーク大学に勤めスミソニアン協会の支援を受けるゴダード教授が、作用・反作用の法則を知らず、したがって真空では力の作用が働かないことを理解していないのは馬鹿馬鹿しい。高校で日常的に教えられている知識すら彼に欠けていることは明白である。

ゴダードと彼が作った世界初の液体燃料ロケット
Credit: NASA

社説は宇宙ロケットを非現実的と断じ、研究費を出すことを批判した。この不正確な社説が撤回されたのはゴダードの死後の一九六九年七月十六日。アポロ11号を乗せたサターンVロケットが月を目指して飛び立った翌日のことだった。紙面の目立たぬ一角に掲載された小さな訂正記事にはこう書かれていた。

その後の研究と実験により17世紀のアイザック・ニュートンの発見が正しいことが確認され、ロケットが大気中だけではなく真空中も飛べることが証明された。タイムズ紙は誤りを遺憾に思う。

ゴダードは生涯にわたってロケットの改良を続けたが、遂に宇宙への夢を果たせなかった。高度2．7㎞、秒速0．25㎞。それがゴダードの最高到達地点だった。秒速7．9㎞の壁を越えるには巨大なロケットが要る。巨大なロケットを作るには莫大な金が要る。だが、誰が狂人の夢物語などに莫大な金を出すだろうか……？

ドイツのロケットの父、ヘルマン・オーベルトにも、無理解の壁が立ちはだかった。少年時代に『地球から月へ』を暗記するまで繰り返し読んだオーベルトが大学で選んだ研究テーマは、もちろん宇宙飛行だった。しかし、彼の博士論文はあまりにも時代を先取りしていたため教授たちに理解されず、不合格にされてしまう。教授たちは論文の再提出の機会を与えたが、頑固でプライドの高いオーベルトはそれを蹴って大学を去った。彼は心の中でこうつぶやいた。

「気にするもんか、博士号なんてなくたってお前らよりも偉大な科学者になれることを俺は証明してみせる。」

彼は却下された博士論文を“*Die Rakete zu den Planetenräumen*”（惑星間宇宙へのロケット）という題で本として出版した。そこにはロケットの原理はもちろん、月着陸の方法、小惑星探査、電気推進、そして火星植民のアイデアまで書かれていた。そしてこの本にも潜んでいた。あの何かが。それは行間に隠れながら、次の宿主を探していた。

フォン・ブラウン〜宇宙時代のファウスト

　では、約束したぞ。
私がある瞬間に対して、留まれ
お前はいかにも美しい、と言ったら、
もう君は私を縛りあげても良い、
もう私はよろこんで滅びよう。
もう葬いの鐘が鳴るがいい、
もう君のしもべの勤めも終わりだ。

時計はとまり、針も落ちるがいい、
私の一生は終わりを告げるのだ。

ゲーテの戯曲『ファウスト』[*5]で、ファウスト博士はこう言って悪魔メフィストフェレスと契約を結ぶ。高名なファウスト博士はこの世のあらゆる知識を極めたが、それでも人生に満足することができなかった。そこで死後に魂を悪魔に渡すのと交換条件に、現世のあらゆる夢と欲望を悪魔の力で叶えてもらうという契約を結んだ……。

僕は『ファウスト』を読むと、この男のことを思い出さずにはいられない。本章のこれ以降の主役となる、ヴェルナー・フォン・ブラウン博士である。彼は人類を宇宙へ導いた最大の立役者だ。世界初の弾道ミサイルV2、アメリカ初の人工衛星と宇宙飛行士を打ち上げたレッドストーン・ロケット、そして人類を月に送り込んだサターンVロケット。これらは全てフォン・ブラウンによるものだ。彼がいなければ、人類の宇宙への旅はもしかしたら五十年、百年遅れていたかもしれない。

フォン・ブラウンはドイツの貴族の家に生まれた。大酒飲みで、車の運転が荒いことで有名だったが、気立てのよいナイスガイで、大柄な体格からは育ちの良さからくる気品が漂っていた。アクティブで情熱的な男で、チェロを弾き、馬に乗り、ダイビングをした。

*5　日本では原作よりも手塚治虫によるマンガ版の方が知られているかもしれない。

女性にめっぽうモテた。宇宙は幼少の頃からの夢だった。そして夢を全て叶えて六十五歳で死んだ。

彼はどうやって夢を叶えたのか？　どうやって「ロケットの父」が超えられなかった壁を超えたのか？　ただ人工衛星を打ち上げるだけではなく、どうして月旅行まで実現させることができたのか？

彼には弱冠二十歳で博士号を取るほどの技術的才能があった。また、三十歳で千人規模のチームを率いるほどのカリスマ的リーダーシップもあった。だが、個人の才能だけでは及ばないことも世の中にはたくさんある。おそらく、彼は夢を叶えることができなかっただろう。人類も月に行くことはできなかっただろう。あの「悪魔」との契約がなければ。

運命は黒塗りのセダンに乗ってきた

「あなたは将来何をしたいの？」

十歳のフォン・ブラウンに母エミーは聞いた。その答えは十歳とは思えないほどませたものだった。

「僕は進歩の車輪を回すことに役立ちたいんだ。」

なかなかの悪ガキでもあった。叔母からプレゼントされた鳥類図鑑セットを古本屋に売り払って工作の材料費を稼いだ。中学の頃にはロケットの実験をして山火事を起こした。高校の夏休みにはありったけの小遣いをはたいて大量のロケット花火を買い、それをおもちゃの車にくくりつけて火をつけ、ベルリンの街を爆走した。

なぜそれはこの少年を選んだのだろう？　その「何か」はフォン・ブラウンの心の奥深くに忍び込むチャンスを、じっと待っていた。

チャンスは十三歳の誕生日に訪れた。フォン・ブラウンの母は小さな天体望遠鏡をプレゼントした。たちまち少年フォン・ブラウンは夢中になった。接眼レンズの視野に浮かんだ月のクレーターや、木星の衛星や、土星の輪の像に、彼の心は奪われた。

その年にフォン・ブラウンは全寮制の中学校[*6]に入学したが、彼は既に宇宙の虜だった。ノートの余白に宇宙船やロケットの絵を描き、宇宙旅行の持ち物リストを作り、１７９ページにも及ぶ一般向け天文学書の原稿も書いている。しかし成績はひどく、中でも物理と数学は大の不得意だった。そこで、それは無言の「指導」を行なった。あの本を使って。

Die Rakete zu den Planetenräumen（惑星間宇宙へのロケット）

先に紹介したドイツのロケットの父、ヘルマン・オーベルトの本である。雑誌に紹介さ

*6　運命のいたずらだろうか、学校が校舎として使っていたエッタースブルクの城は、かつてゲーテが『ファウスト』を著した場所と言われている。

れていたのがフォン・ブラウンの目に留まり、彼はさっそく注文した。しばらくして本が届き、胸躍らせながらページをめくったフォン・ブラウンは愕然とした。理解不能な数式だらけだったのだ。彼は先生に本を見せ、どうすれば理解できるようになるか聞いた。「数学と物理を勉強しろ」が答えだった。

その日から彼は人が変わったように猛勉強を始めた。そして高校に上がる頃には数学と物理の成績が抜群になり、一年飛び級して卒業した。在学中に教壇に立って一学年上の数学の授業を教えさえもした。一方、数学と物理以外の成績は卒業ギリギリだった。彼にとって勉強の目的は宇宙ただひとつだったから、宇宙と関係のない教科にはほとんど関心を持たなかった。

高校を卒業したフォン・ブラウンはベルリン工科大学に進んだ。ちょうどベルリンの「黄金の二〇年代」が終わる頃だった。一九二〇年代、ベルリンは二つの大戦の間の短い平和と自由の季節を謳歌した。芸術家や音楽家が集まり、映画産業の世界的中心になり、若者は最先端のファッションを楽しみ、夜にはキャバレーに多くの客が集まった。

夢にとって自由とは、花にとっての水のようなものである。夢見る若者がベルリンに集い、自由の空気を吸いながら夢を膨らませた。その中に、フォン・ブラウンと同じようにオーベルトの本に刺激され宇宙を夢見た若者たちがいた。彼らはアマチュアロケット・グループVfRを結成し、廃止された弾薬集積場の跡地に「Raketen flug platz（ロケット飛行場）」の看板を掲げ、日夜手作りでロケットの開発をした。這いつくばって雀の涙ほどの資金を集めては、オモチャのように小さなロケットを作って成功や失敗を繰り返していた。フォン・ブラウンもVfRに加わったが、若さゆえか中心メンバーではなかったようである。

この時期のドイツに、ロケットに並々ならぬ興味を持っていたグループがもう一つあった。軍だった。ロケットとミサイルは技術的に全く同じものである。人工衛星を積んで宇宙に打つ代わりに、爆弾を積んで敵国へ打てばミサイルになる。ロケットという十三世紀の古ぼけた兵器に宇宙飛行の可能性を見出したのは三人の「ロケットの父」だったが、兵器としての可能性を再発見したのはドイツ軍だった。

『ファウスト』では、悪魔メフィストフェレスは黒い犬の姿に化けてファウスト博士の家へとやってくる。宇宙時代のファウスト博士のもとへ悪魔の使者を運んできたのは、黒塗りのセダンだった。一九三二年の春、そのセダンはおもむろにVfRにやってきた。そこには三人の私服を着たドイツ軍の技術将校が乗っていた。

ナチスの欲したロケット

軍はVfRのロケットに興味を持ち、こんなオファーを提示した。VfRが軍の演習場でロケットの実験をする。成功すれば1367マルクを支払う。慢性的金欠のVfRにとっては渡りに船だった。だが、実験はロケットがあらぬ方向に飛んで大失敗に終わった。大言壮語を繰り返すVfRのリーダーにも軍は幻滅した。

一方で、軍は思わぬ掘り出し物を見つけた。フォン・ブラウンだった。燃えるように熱い宇宙への夢を抱いたこの若者はまた、とても二十歳とは思えない知識とリーダーシップ、そしてカリスマを備えていた。軍はこの男に惚れた。そこでVfRのロケットを買うのをやめ、代わりにフォン・ブラウンを、彼の夢と一緒に買い取ることにしたのだった。

フォン・ブラウンは軍に雇われることに何の迷いもなかった。彼はこう回想している。

「オモチャのような液体燃料ロケットを、宇宙船を打ち上げられる本格的な機械にするために必要な莫大な金額について、私は何の幻影も抱いていなかった。陸軍の資金は宇宙旅行に向けた大きな進歩のための唯一の希望だった。」

フォン・ブラウンは究極のロマンティストであると同時に、徹底的なプラグマティストでもあった。夢を叶えるには金が要る。宇宙だけではない。ビジネスでも、スポーツでも、

〈図1〉固体燃料ロケットと液体燃料ロケット

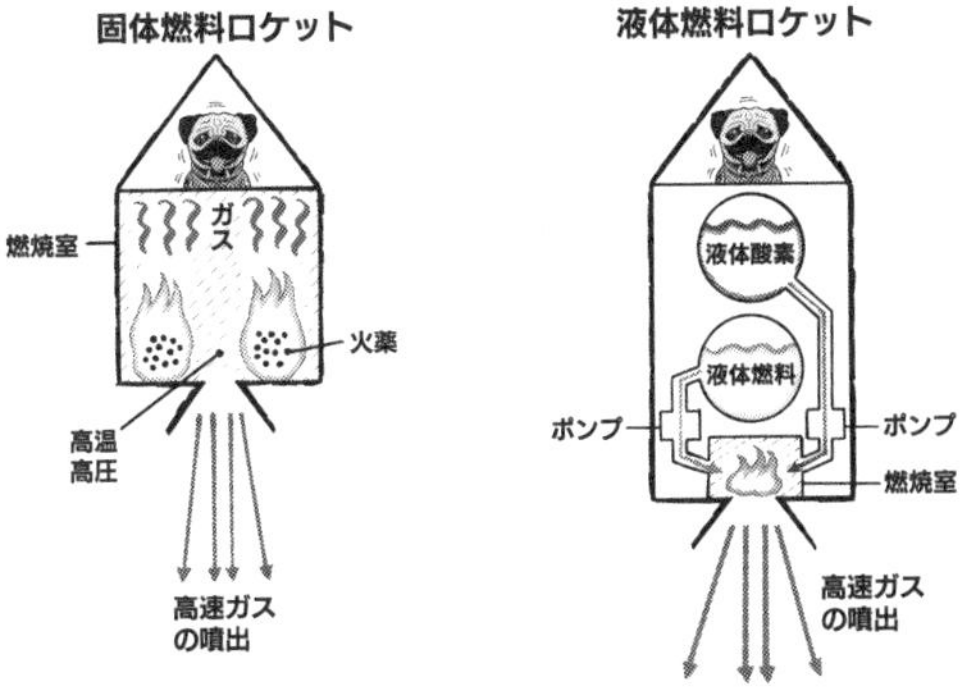

慈善事業でさえもそうだ。夢は持たなくては叶わないが、持つだけでも叶わない。現実という汚泥の中に恐れず手を突っ込みつつも、夢は一切汚さず純粋なままで持ち続けること。それが、夢を叶えるための条件なのかもしれない。

陸軍に雇われたフォン・ブラウンは、本格的な液体燃料ロケットの開発に取り掛かった。ロケットの父たちが宇宙へ行くための手段として考案したロケットである。

最初に中国で発明されたロケットも、十九世紀にヨーロッパで利用されていたものも、現代の悪ガキがぶっ放すロケット花火も、「固体燃料ロケット」と呼ばれる種類のものだ。図1にその動作原理を示す。一カ所だけ穴のある容器の中で火薬を燃やすと、高温高圧のガスが発生して勢いよく穴から噴き出す。その反作用でロ

A4 ロケット。
後に V2 と改称された
Credit: Deutsches Bundesarchiv

ケットは前に進む。だが当時の黒色火薬では噴出ガスの速度が足りず、第一宇宙速度の秒速7．9kmに達するのは非現実的だった。液体燃料ロケットもガスを噴射して進む根本原理は同じだ。違いはガスの発生方法にある。図1のように、液体ロケットには二つのタンクがあり、片方には液体の燃料（ガソリンや液体水素）、もう片方には酸化剤（たとえば液体酸素）が積まれている。ポンプで燃料と酸化剤を燃焼室に送り、混ぜて燃焼すると、爆発的に燃えてガスが発生し、ノズルから高速で噴射される。固体ロケットに比べて仕組みは複雑だが、ガスの噴射速度が高いため、十分に巨大なロケットを作れば秒速7．9kmを突破することが可能になる。

フォン・ブラウンが陸軍で最初に開発したロケットは、A－1と呼ばれる、長さたった1．4m、重さ150kgの液体燃料ロケットだった。一年半かけて開発したこのロケットは打ち上げ後一秒半で爆発した。

その頃、ドイツは大きく揺れていた。「悪魔」が仮面を脱ぎ捨て、その本性を現し始めたのである。フォン・ブラウンが陸軍に雇われた翌年、アドルフ・ヒトラーは首相に就任し、やがて独裁的権力を手にした。一九三五年、ドイツはベルサイユ条約を破棄して再軍備宣言をし、一九三九年には再び世界大戦が始まった。

だが、世情の変化はフォン・ブラウンの仕事環境にはすぐには変化を及ぼさなかった。彼はまるで歴史から切り離されたように宇宙への夢に取り憑かれ、ロケット開発に没頭した。失敗と試行錯誤を繰り返しながら、だんだんとロケットは大型化し、それにつれて開発チームも加速度的に大きくなっていった。

十一年の歳月が流れた。フォン・ブラウンはついに宇宙への扉を叩くロケットを完成させた。全長14m。重量12.5トン。怪物のようなロケットだった。A4と呼ばれたこのロケットは、垂直に打てば高度200kmの宇宙空間に達する能力を持っていた。[*7]一方、ミサイルとして使えば、320km離れた標的に1トンの爆弾を命中させる能力も持っていた。

ヒトラーの目に灯った火

第二次世界大戦の開始から四年近くが経った一九四三年七月七日、フォン・ブラウンは突然、「ヴォルフスシャンツェ（狼の巣）」に来るように命令された。総統大本営のことで

*7　秒速7.9kmに達することはできないためサブオービタル飛行である。つまり、人工衛星になれずにすぐに落ちてきてしまうのだが、数分間とはいえ宇宙を飛ぶことができた。

ある。ヒトラーがＡ４について知りたがっているとのことだった。彼と上官のドルンベルガーは飛行機と車を乗り継ぎ、その日のうちに東プロシアの深い森と地雷原に守られた「狼の巣」に着いた。そのもっとも内側に位置する建物の映写室で、彼らは緊張した表情でヒトラーの到着を待った。

待つこと数時間。数人の部下を連れたヒトラーが部屋に入ってきた。

「総統閣下！」

勇ましく兵士が叫んだ。ヒトラーの顔は疲れ切っていた。戦況はドイツにとって思わしくなかった。東部戦線はソ連に押し戻され、アフリカは米英軍の手に落ちていた。フランスは依然ドイツの手にあったが、ドーバー海峡を隔てたイギリスは健在だった。

ドルンベルガーの手短な挨拶の後、映写機が回り、スクリーンに白黒の無声映像が映った。映像の中で、Ａ４ロケットは火を噴いてまっすぐに離陸し、軽々と音速を超え、あっという間に成層圏へと消えていった……。

フォン・ブラウンはスクリーンの横に立ち、映像に合わせて技術的な解説をした。彼の高い声は自信に満ち、情熱のこもった青い目はまっすぐに総統を見ていた。Ａ４ロケットの能力をもってすればドーバー海峡を越えてロンドンを爆撃できる。そしてマッハ３で突進するＡ４はいかなる飛行機や砲弾をもってしても打ち落とすことは不可能である……。

映像が止まり、フォン・ブラウンが話し終えると、沈黙が部屋を支配した。誰も声を発しようとしなかった。ヒトラーは明らかに興奮していた。顔からは疲れが消えていた。目は不気味に輝いていていた。

沈黙を押しのけるようにドルンベルガーが追加の説明を始めると、ヒトラーは急に立ち上がって聞いた。

「10トンの爆弾を積めないのか？」

ドルンベルガーは恐る恐るそれが無理だと説明した。すると彼は叫んだ。

「せん滅だ！　私が欲するのはせん滅的な力だ！」

もはやドイツの勝利は絶望的だったにもかかわらず、ロケットが戦況を一気に逆転する最終兵器になるとヒトラーは狂信的に信じたのだった。

この日、ヒトラーが惚れ込んだのはＡ４ロケットだけではなかった。弱冠三十一歳にして千人規模の開発チームを率い、総統の前で臆せず堂々とプレゼンをするフォン・ブラウンに惚れた。ヒトラーはその場でこの若きカリスマに「教授」の称号を与えた。ドイツの学術界では最高の栄誉だった。そして彼はその証書に自らサインをした。

かくして、悪魔は契約書を差し出した。ナチス政府はＡ４に優先的に資金と物資を供給することを約束した。そして月に１８００機のＡ４を製造することを命じた。フォン・ブラウンの夢の結晶であるA4ロケットには、「報復兵器2号」を意味するVergeltungswaffe2略してV2という悲しい名が、新たに与えられたのだった。

ヒトラーとフォン・ブラウン。二人の男は全く違う夢をもっていた。だが、夢を実現する手段がロケットであることは同じだった。そして夢の実現のためには手段を選ばないのも同じだった。ヒトラーは戦争に勝つためにフォン・ブラウンの技術が必要だった。フォン・ブラウンは宇宙へ行くロケットを作るためにナチスの金が必要だった。利害関係は一致した。

歴史には様々な見方がある。フォン・ブラウンはヒトラーに利用された、というのもひとつの見方だろう。だが、ドイツが敗戦しヒトラーの野望が潰えた後も、フォン・ブラウンの夢は生き残り、その技術は人類を月へと送り込んだ。本当に利用されたのは、果たしてどちらだったのだろうか？

悲しきロケット

そうして生まれたフォン・ブラウンの夢の落とし子は、一九四四年九月八日、オランダのハーグ近郊から、猛烈な火を噴いて空に向け飛び立った。その悲しきロケットは最初は垂直に飛び立ったが、やがて西へ機首を傾けた。その間にもぐんぐん高度を上げ、雲を抜け、数分のうちに星が輝く宇宙空間に達した。眼下には丸みを帯びた青く美しい地球の水平線が見えた。ロケットはほんの数分間だけ、フォン・ブラウンが幼い頃から夢見続けた宇宙を漂った。

しかしやがて地球の重力に引かれ、加速しながら高度を落としだした。ぐんぐん近づく地面。雲の下に出ると夕方のロンドンの街の灯りが見えた。その真ん中をめがけて、ロケットは猛烈な速さで突っ込んでいった。そして午後六時四十三分、ロケットは道路に激突し、積まれていた1トンの爆弾が炸裂した。近くにいた不運な三人が命を落とした。その中には三歳の女の子も含まれていた。

フォン・ブラウンはどう思ったのだろうか？　良心の呵責を感じたのだろうか？　それは彼の心に何か囁いたのだろうか……？

歴史は心を記録しない。だが、V2の「成功」のニュースを聞いたフォン・ブラウンは、仲間にこう漏らしたと伝えられている。

「ロケットは完璧に作動した……間違った惑星に着陸してしまったことを除いては。」

現実世界で悲劇が繰り広げられる間も、彼のイマジネーションの中ではロケットは宇宙を飛んでいた。フォン・ブラウンにとってイマジネーションとは「聖域」だった。どんな悲劇も人々の悲しみも阿鼻叫喚も、そこに一切立ち入ることはできなかった。だから彼の

V2により破壊されたロンドン

夢は純粋であり続けたのだった。

戦中に約3000機のV2が主にイギリスやベルギーに向けて発射され、約九千人の命を奪った。さらにV2を製造するための強制労働で一万二千人が命を落としたと言われている。だが、V2は悲劇に悲劇の上塗りをしただけで、崩れゆくドイツの運命を変えることには少しも役に立たなかった。それればかりか、V2に資金を集中投下したのはヒトラーの戦略的ミスであったとも言われている。もしその資金が原爆に使われていたら（考えるだけでおぞましいが）、戦争の結果があるいは変わっていたかもしれないからだ。

フォン・ブラウンが義心からわざと使えない兵器をヒトラーに売り込んだ、と考えるのはナイーブだろう。彼は単純に、宇宙への夢を叶えるためにナチスの資金が欲しかっただけだ。ナチス政府に対しても忠実だったようだ。一九四四年三月にある事件が起きるまでは。

その晩、フォン・ブラウンはパーティーで大酒を飲んで酔っ払い、無邪気に宇宙への夢を仲間に語った。誰かがそれを、そっと秘密警察ゲシュタポに密告した。

三月二十二日の夜二時頃。出張先のホテルで眠っていたフォン・ブラウンは、ドアをドンドンと乱暴に叩く音に目を覚ました。ドアを開けた彼は驚いた。そこにいたのはゲシュタポのエージェントだった。警察署への同行を求められた。

「つまり私を逮捕するということか？　何かの誤解にちがいない！」

「逮捕するとは言っていない！　お前を保護拘置するよう緊急の命令が下ったのだ。」

もちろん、それは逮捕と変わりなかった。フォン・ブラウンは着替えて荷物をまとめ、エージェントについてホテルを出た。外には車が待っていた。警察署に着くなり彼は監房に放り込まれた。

罪状はサボタージュ。宇宙船を作るためにロケット開発を遅延させたと咎められた。死刑にもなりうる罪だった。

ゲーテの戯曲の中で、ファウストは悪魔の力によって獄中から恋人を救おうとする。獄中のフォン・ブラウンを救ったのも「悪魔」の力だった。V2に形勢逆転の望みを託すヒトラーにとって、フォン・ブラウンは必要な人材だった。ヒトラーの鶴の一声でフォン・

ブラウンは釈放された。

だが、この頃からフォン・ブラウンはナチスに対して懐疑的になっていった。ナチスはフォン・ブラウンの夢を咎めた。それは彼の「聖域」だった。ロケットが戦争に使われることは許せても、夢に干渉されることは許せなかったのかもしれない。

ドイツの戦況はますます悪化していた。米英軍はノルマンディーに上陸してパリを奪回し、東からはソ連軍が迫っていた。ドイツが戦争に負けることをフォン・ブラウンは冷静に理解していた。宇宙への夢を祖国とともに心中させる気は、彼には微塵もなかった。そして、ドイツになだれ込んでくる勝利者たちがV2の技術を喉から手が出るほど欲しがるだろうことも、彼はしたたかに知っていた。

一九四五年が明けた頃、彼は信頼できる部下数人を農場の小屋に集めて秘密のミーティングを開いた。彼は言った。

「ドイツは戦争に負ける。だが忘れてはいけない、世界で初めて宇宙に手が届いたのが私たちであったことを。私たちは宇宙旅行の夢を信じることを決してやめなかった。どの占領国も私たちの知識を欲しがるだろう。問題は、どの国に私たちの遺産を託すか、だ。」

選択肢は四つあった。ソ連、イギリス、フランス、そしてアメリカ。フォン・ブラウンはナチスでの経験を通して、夢を叶えるために二つの条件が要ることを知っていた。自由と金だ。その両方がある国はひとつしかなかった。

アメリカだ。

フォン・ブラウンたちは密かに準備を始めた。14トンにもおよぶV2の技術資料をハルツ山地の鉱山のトンネルに隠し、入り口をダイナマイトで爆破して塞いだ。アメリカ軍への「身代金」だった。

宇宙を目指して海を渡る

一九四五年四月三十日、ヒトラーがベルリンの地下壕で自殺した。翌朝、フォン・ブラウンたちが避難していたアルプス山中のスキー場のホテルから、弟のマグナス・フォン・ブラウンが自転車に乗って山道を南に向かった。そこにアメリカ軍がいるという情報を手にしたからだった。北西からはフランス軍が迫っていた。フランス軍に捕まる前にアメリカ軍に接触するには、こちらから行動を起こすしかない。

気を揉んで待つこと数時間。マグナスはアメリカ軍の通行許可証を手に、心配する仲間が待つホテルへ自転車をこいで帰ってきた。喜ぶのもつかの間、フォン・ブラウンを含む七人の技術者たちが、車に分乗して南へ向かった。

フォン・ブラウンは戦犯になってもおかしくない立場なのに、アメリカ軍は彼らをスクランブル・エッグ、白いパンとコーヒーでもてなした。フォン・ブラウンは驚かなかった。彼らが彼はこう回想している。「私たちはV2を持っていた。彼らは持っていなかった。彼らがV2について知りたいと思うのは当然だろう。」

フォン・ブラウンは得意のセールスマン・シップを発揮し、ロケットの可能性をアメリカ軍に売り込んだ。来るべきソ連との戦争においてロケットは強力な武器になるだろうこと。V2は発展途上にすぎず、大西洋をたった四十分で飛び越えて乗客や爆弾を運ぶロケットを作ることができること。多段ロケットを使えば地球周回軌道に宇宙船を乗せられること。宇宙ステーションを建設して物理や天文学の研究をできること。そして未来には月や他の惑星にさえも行けること……。

あるアメリカ兵は呆れて言った。「もし俺たちが捕まえたのがドイツでもっとも高名な科学者でなければ、こいつはとんでもない大ほら吹きだ！」

かくして、フォン・ブラウンはV2の技術を身代金に、命の保証とアメリカへの切符を手に入れた。アメリカ軍は彼らの証言をもとに、トンネルに隠されていた14トンの技術資料と、地下工場に置き去りにされていた大量のV2部品を手に入れた。そしてフォン・ブラウンと選ばれた124人の技術者たちは、宇宙への夢とともに、大西洋を渡りアメリカへと向かったのだった……。

一方、ソ連もフォン・ブラウンと彼の技術を喉から手が出るほど欲しがっていた。本人ともっとも重要な技術資料はアメリカが手にしたが、ソ連の占領地域にはロケット開発の拠点であったペナムンダの他、強制労働によってロケットが製造された地下トンネルが含まれていた。ソ連軍は残されていた部品、書類、図面、そしてアメリカ行きの124人に選ばれなかった技術者たちを根こそぎ持ち去った。そしてそれらは、ソ連の秘密のベールに隠され誰もその名を知らなかった、もう一人の「ファウスト博士」の手に渡ることになるのである。

鎖に繋がれたアメリカン・ドリーム

「アメリカで宇宙ロケットを作る。」

そう夢見て海を渡ったフォン・ブラウンだったが、雇い主は陸軍で当初は移動の自由も制限され、十年経ってもミサイル開発しかさせてもらえなかった。

「忍耐だ。」

あの何かはそう、フォン・ブラウンの心を諭したのかもしれない。あの何かはいつかチャンスは来ると信じてロケット開発に打ち込み、V2のさらに2倍の大きさがあるレッドストーン・ロケットを完成させた。

JPLに展示されているエクスプローラー1号と第二段から四段ロケットまでの模型（撮影：筆者）

彼には夢だけではなく、巨大なエゴがあった。ただ人類が宇宙へ行くだけではなく、それを成し遂げるのが自分でなくては気が済まなかった。しかも一番にそれを成し遂げなくては満足がならなかった。金と機会さえ与えられれば、自分が一番になる自信が彼にはあった。

事実、彼のレッドストーン・ロケットと陸軍ジェット推進研究所（ＪＰＬ）の小型固体ロケットであるサージェントを組み合わせれば、すぐにでも秒速7.9㎞の壁を破り、世界初の人工衛星を打ち上げることができた。こういう算段だ。フォン・ブラウンのレッドストーンを第一段として用い、その上にサージェントを十一本束ねた第二段、その上に三本束ねた第三段、さらにその上に一本のみの第四段を置く。第一段から順に点火していくと、第四段とその上に搭載された重さ数kgの小さな人工衛星は秒速7.9㎞に達する。第一段から四段まで全て既存の技術だったから、資金とゴーサインさえ出ればすぐにでも実行できた。この計画をフォン・ブラウンが提案したのが一九五五年。スプートニクの二年前だった。

一方、海軍と空軍もそれぞれ独自の人工衛星計画を提案していた。アメリカでは各軍の間に強いライバル意識がある。そして微妙な政治的バランスもある。技術的に優れていたのは明らかにフォン・ブラウンの陸軍チームだった。もしアメリカが世界一番乗りをしたければ、選ぶべきは陸軍だっただろう。しかし、選ばれたのは海軍だった。理由は政治的なものだったといわれている。レッドストーンはナチス・ドイツの技術をもとに作られたが、海軍のロケットはオール・アメリカ製だった。また、軍用ミサイルであるレッドストーンがソ連上空を飛び、ソ連を刺激することを政府は恐れた。*8

諦められないフォン・ブラウンは一九五六年九月、弾頭の再突入の研究という名目でロケットの実験を行なった。ただし第四段は本物のロケットではなく、砂を詰めただけのダミーだった。国防省はフォン・ブラウンがこっそり人工衛星を打ち上げようとしているのではないかと疑った。陸軍が海軍の先を越しては政治的に都合が悪かった。そこで国防省は査察官を送り込み、本当に第四段がダミーかチェックまでした。

実験は完璧に成功した。この時もし第四段に本物のロケットを使っていたら、アメリカは世界初の人工衛星打ち上げの栄誉を勝ち取り、フォン・ブラウンは幼少の頃からの夢を叶えていたはずだった。

フォン・ブラウンは議会に直接訴えた。ＣＩＡからはソ連が巨大なロケットを開発して

*8　海軍のロケットは研究用として開発されていた。もっとも、ロケットとミサイルは同じものなので、何の用途であろうと実質的違いはないのだが。

いるという情報がもたらされていた。一方、海軍の計画は遅延に遅延を重ねていた。このままではソ連に先を越されてしまうと議員を脅した。

しかし政治家の腰は重かった。理由のひとつには自国の技術力への過信があり、また一方ではソ連の技術力を根拠なく見下していたことがあった。たとえばアレン・エレンダー上院議員はこんな発言をしている。

「俺はソ連訪問から帰ってきたばかりだけど、道にほとんど自動車なんて走っていなかったし、走っていても古臭いオンボロばかりだったよ。そんな国に人工衛星なんて、できるわけないさ。」

驕るアメリカを尻目に、ソ連は密かにしたたかに、ロケット技術に資金と人員を集中投下し、アメリカに追いつき、追い抜いていたのである。

そしていまひとつ、想像力のない政治家はおろか、フォン・ブラウンすら想像できなかったことがあった。ソ連の分厚い秘密のカーテンの向こうに、彼の鏡写しのような天才技術者、もう一人の「ファウスト博士」がいたことである。

セルゲイ・コロリョフ〜ソ連のファウスト博士

その男は名をセルゲイ・コロリョフといった。

フォン・ブラウンの五歳年上。童顔だったが、ボクサーのように顎が歪んでおり、歯はほとんどが義歯だった。苦労した男の顔だった。髪はボサボサ、シャツはシワだらけで、指はいつもタバコのヤニで汚れていたが、女性にはよくモテた。そして女好きだった。

コロリョフの幼年期は孤独だった。三歳の時に父が離婚して去った。母は遠くの大学に行ったため、彼は裕福な祖父母の邸宅に引きこもって過ごした。友達はおらず、子供らしい遊びもしなかった。

それがはじめて少年コロリョフの心に接触したのは六歳の時だった。彼が住む田舎町に航空ショーがやってきたので、彼は祖父に肩車されて見に行った。少年は小さな複葉機が自由に大空を舞うのを見た。飛行機を見たのは初めてだった。もしかしたら「自由」を見たのも初めてだったのかもしれない。その日から、彼は空の虜になった。

コロリョフは大学で飛行機の設計を学び、ソ連の伝説的な航空機設計者であるアンドレイ・ツポレフの指導を受けた。二十三歳の時に飛行機の免許を取り、自ら操縦するようになった。そして飛行機を限界まで高く、さらに高く飛ばすうちに、あの「何か」が心で囁いた。

「この上には何があるのだろう?」

それが、宇宙に興味を抱いたきっかけだった。

しかし戦争の足音が聞こえだした一九三〇年代のソ連で、コロリョフに与えられた仕事はやはりミサイル開発だった。彼は頭角をあらわし、二十代後半でソ連ジェット推進研究所の副所長にまで上りつめた。

悲劇は突然やってきた。一九三八年六月、黒服の秘密警察が彼のアパートに踏み込んだ。恐怖に怯える妻と泣きじゃくる三歳の娘を残して彼は連行された。原因は、彼の出世を妬んだ同僚によるありもしない罪の密告だった。行き先はシベリア。歯がほとんど抜け落ちるまで拷問され、死刑宣告を受けた。

六年後、なんとか生きて釈放されたコロリョフに与えられた仕事は、ドイツから奪ったV2ロケットの研究だった。戦後にドイツから連行した技術者を使い、彼はまずV2のコピーであるR1ロケットを作った。そしてそれを元に、R2、R5と、徐々にロケットを大型化した。そして一九五七年、ついに彼はR7ロケットを完成させた。

R7は高さ34mあり、重さはフォン・ブラウンのレッドストーン・ロケットの10倍の280トンもあった。ロケットの下半分を末広がりの4本のブースターが取り囲んでおり、そのシルエットはロングスカートをはいた女性を思わせた。

R7のミサイルとしての性能はおぞましかった。8,000㎞を飛び、アメリカ全土に原子爆弾を落とす能力があった。

ロケットと原子爆弾の組み合わせ。これこそまさに悪魔の兵器だ。たった一発で何十万の命を奪い、人々が長年にわたって築いた都市と文化を一瞬で廃墟にし、当時のいかなる技術をもってしても打ち落とせず、住民に避難する時間的猶予すら与えないのだ。

なぜソ連がロケット技術にここまで力を入れたのか。もちろん宇宙のためではない。当時のソ連は航空技術においてアメリカに大きく水をあけられており、経済力も雲泥の差があった。だが、たとえ正面から戦って勝てなくとも、核ミサイルさえあればアメリカ国民を人質に取ったも同然である。ソ連は形勢の一発逆転を核ミサイルに託した。他の技術や国民の生活さえも犠牲にして、ロケットに予算を集中投下した。独裁国家だからこそできる大博打だった。規模こそ違えど、国家を核ミサイル開発へと向かわせた理由は、現代の北朝鮮と似ている。

コロリョフの夢はフォン・ブラウンと同じく、殺戮ではなく宇宙にあった。そしてそれを実現するために「悪魔」の力を借りるしたたかさも、フォン・ブラウンと同じだった。R7[*9]は核ミサイルとして開発されたが、レッドストーンと同じく、ほんの少しの改造を加えるだけで、秒速7.9kmの壁を破り、人工衛星を打ち上げることができた。そして彼と彼の心に巣喰うそれは、夢を売り込むタイミングを慎重に見計らった。

---

*9 ちなみにR7は現在もロシアで用いられているソユーズ・ロケットの原型である。ソユーズは世界のどのロケットよりも抜群に多い1700回もの打ち上げ実績を誇る。

現在も用いられるソユーズ・ロケットはR7の直系子孫で、第一段のデザインはほぼ変わらない
Credit: NASA

Ｒ７よりひとまわり小さいＲ５ロケットを使って世界初の核ミサイル実験を成功させた三週間後の一九五六年二月二十七日。ソ連の最高指導者フルシチョフがコロリョフの設計局に視察に訪れた。Ｒ５ロケットの実物を見てフルシチョフはご満悦で、どの国が射程にあるのかと聞いた。その質問を想定していたコロリョフは、あらかじめ準備してあったヨーロッパの地図を見せた。東ドイツを中心にＲ５ロケットの射程を表す円が描かれていた。その円はスペインとポルトガルを除く全ヨーロッパをすっぽりと覆っていた。

「イギリスを滅ぼすにはいくつのミサイルが必要かね？」

フルシチョフは静かに聞いた。

「五発で足ります。」

ウスチノフ兵器相が自信ありげに答えた。

だが、これはまだ序章に過ぎなかった。コロリョフはフルシチョフたちを次の部屋へ案内した。扉が開くと、その部屋の天井はカテドラルのように高く、そこには高さ34ｍもの怪物のようなロケットが屹立していた。

Ｒ７だった。

アメリカ本土に原子爆弾を落とせるという説明に、フルシチョフはこの上なく上機嫌だった。

タイミングは今しかない。コロリョフは切り出した。

「もう一つだけ、お見せしたいものがあります。」

そして彼はフルシチョフを部屋の隅に案内した。そこには小さな、あちこちの方向に棒が突き出した、不思議な形の物体が置いてあった。それはロケットでもなければ爆弾でもなかった。一体それがアメリカを負かすためにどう役に立つのか、見当もつかなかった。フルシチョフの頭の上には疑問符が並んでいた。コロリョフは言った。

「これは人工衛星です。」

スプートニクは歌う

一九五七年十月三日。後にバイコヌール宇宙基地の名で知られることになるチュラタム・ミサイル実験場は、凍えるように寒い朝を迎えた。

「さて、私たちの最初の子を見送ろうじゃないか。」

ロケットが格納庫を出るとき、コロリョフはロケットを叩きながら感傷的に言った。

ロケットは寝かされて貨物列車に積まれ、発射台まで続く2．4㎞の鉄道の上を、ゆっくり、ゆっくりと動いていった。その後ろを、コロリョフを先頭にした技術者や軍人たちの列が、まるで宗教の儀式のように、静かに厳かに、歩いてついていった。五十分かけて発射台に到着すると、ロケットはゆっくりと垂直に立てられた。空に向けて屹立したR7は堂々たる威容だった。

ロケットの先端には原子爆弾ではなく、バレーボールほどの大きさの小さな人工衛星が積まれていた。その衛星には、「シンプルな衛星1号」を意味するプリスティエイシ・スプートニク1という名前が与えられた。

スプートニクの打ち上げは翌日夜の二十二時二十八分に決まった。打ち上げ前、コロリョフや軍の司令官たちは発射台から約100m離れた地下壕に入った。

「プスク！（始動！）」

司令官が指示すると、兵士がボタンを押し、打ち上げシーケンスが始動した。あとは全て自動で事が進む。コロリョフにできるのは、文字通り人生を捧げて作ったロケットが設計通りに飛ぶのを、ただ信じて待つだけだった。

「点火！」という兵士の声とともに、ロケットは凄まじい炎を吐き、凍てつく夜を真夏の昼のように照らした。地下壕に激しい振動と音が伝わってきた。数秒後、エンジンの出力が最大に達した時、ロケットを地面に縛っていた拘束具が解放された。自由を得たロケットは、コロリョフが少年時代に憧れた空へ、高く、高く、昇っていった。

拍手と歓声が沸きおこったが、打ち上げ八秒後に警報ランプが点灯し、場は一瞬で静まった。ブースターのエンジンの異常だった。もはや見守る以外に何もできないのが、もどかしくてたまらなかった。一秒が一分に、一分が一時間にも感じられた。ロケットはエンジンの不調を訴えながらも、速度と高度を上げていった。

「メイン・エンジン、シャットオフ！」

打ち上げ約五分後に兵士が叫んだ。燃料が全て燃え尽きたという意味だ。シャットオフは予定より一秒早かった。果たしてロケットは秒速7．9㎞に達したのだろうか？　もしほんの少しでも足りなければ、スプートニクはすぐに地球に落ちてしまう。

いてもたってもいられないコロリョフたちは地下壕を飛び出し、屋外に停めてあった通信車に駆けつけた。通信車では二人の通信兵がアンテナを空に向け、スプートニクからの電波を拾おうと耳を澄ませていた。

「静かに！」

通信兵が怒鳴った。押しかけた群衆は黙り、固唾をのんで待った。様々な不安がコロリヨフの胸を行き来した。

衛星が打ち上げの猛烈な振動で壊れてしまったのではないか？　空力加熱で溶けてしまったのではないか……？

長い、

長い、

長い静寂が続いた。

ピー、ピー、ピー、ピー……

周期的な音が、通信兵のヘッドホンから聞こえてきた。間違いなくそれは宇宙を飛ぶスプートニクからの音だった。通信兵は興奮して叫んだ。

「信号が来たぞ!!」

その瞬間、群衆は歓喜に沸いた。飛び、踊り、泣き、抱き合った。歓喜の中心でコロリョフは言った。

「これは今まで誰も聞いたことのない音楽だ。」

ジュール・ベルヌの『地球から月へ』から九十二年後のことだった。いわばそれは、人類文明の幼年期の終わりと言えよう。その時初めて我々は、ゆりかごの外に這い出したのである。

六十日さえあれば

アメリカ陸軍弾道ミサイル局のヴェルナー・フォン・ブラウンの部屋の電話が鳴った。もたらされたニュースに彼は愕然とした。そして怒りが腹の底から爆発せんばかりに湧きあがってきた。弾道ミサイル局にはちょうど、新国防省長官のマッケルロイが視察に訪れていた。怒り狂ったフォン・ブラウンは長官にまくし立てた。

「私たちは二年前にやれたんだ！　どうか頼むからやらせてくれ！　ロケットは倉庫で眠ってるんだ！　マッケルロイさん、私たちは六十日で人工衛星を打ち上げられる！　あんたのゴーサインと六十日さえあればいいんだ！」

その場にはフォン・ブラウンの上司であり最大の理解者でもあったメダリス将軍もいた。彼は我を忘れたフォン・ブラウンを制止し、冷静に言った。

「いや、ヴェルナー、九十日だ。」

翌日、世界中の新聞に見出しが躍った。「ピー、ピー、ピー、ピー」というスプートニクの「音楽」も、世界中のラジオで繰り返し放送された。一般市民も無線機でその「音楽」を直接聞くことができた。スプートニクの光はアメリカの夜空に肉眼でも見ることができた。「いつでもアメリカに原子爆弾を落とせるぞ」というソ連がスプートニクに込めたメッセージを、アメリカ大衆はすぐに理解した。そして恐怖とパニックに陥った。

政府は平静を装った。アイゼンハワー政権はスプートニクを「使えない鉄の塊」と呼び、アメリカの軍事力の優越は揺るがないことを力説したが、国民は全く納得しなかった。宇宙開発という最先端技術においてどうしてソ連が一番乗りをしたのか？　ソ連はオンボロ車しか作れない技術後進国ではなかったのか？　ソ連の技術はそこまで進んでいたのか？　ソ連にできたことをアメリカはできないのか？　技術力においてソ連に後れをとっているということは、軍事力においても劣っているということなのか？

そしてアメリカは世界の目も気にせざるを得なかった。アメリカの技術力は世界一ではなかったのか？ アメリカは唯一の超大国ではなかったのか？ アメリカの自信は深く傷ついた。アメリカ国民はプライドを取り戻すため、一刻も早くアメリカも人工衛星を打ち上げることを望んだ。フォン・ブラウンも、今度こそ出番が回ってくると思った。

ところがそれでも政府は動かず、フォン・ブラウンら陸軍チームよりも海軍を優先させる方針は維持された。そうこうする間にソ連はスプートニク2号の打ち上げに再び成功した。一方の海軍は全米の期待を一身に集めてロケットを打ち上げたが、発射の二秒後に大爆発し失敗した。ぶざまな失敗はアメリカの自信喪失をさらに深めた。

ここに至って政府はやっと、重い腰をほんの少しだけあげた。フォン・ブラウンに打ち上げを準備するよう指示が下ったのだ。ただ、準備をするだけで、打ち上げ自体は許可されなかった。あくまで翌年一月に予定されている海軍の打ち上げが再び失敗した場合のバックアップだった。

年が明けた一月二十八日、海軍は技術的トラブルのため打ち上げを延期した。そして海軍がロケットを修理する一月二十九日から三十一日までの三日間に限って、フォン・ブラウンに打ち上げの許可が下りた。二十六年間待ちに待ちに待ち続けた夢への扉が、たった三日の間だけ、ついに開いたのだった。

最後の敵は天気だった。二十九日と三十日は強風のため打ち上げを諦めざるを得なかった。チャンスは、あと一日だった。

一月三十一日の昼。上空の風速を調べるため観測気球があげられた。

120ノット。

ぎりぎり許容範囲だった。フォン・ブラウンの情熱と頑固さに、最後は天気の神も折れたようだった。宇宙への道はついに開いた。

夜十時四十八分。ロケットのエンジンに火が灯った。噴き出すジェットはフォン・ブラウンの情熱そのもののように熱く明るく輝いた。二十六年間縛られ続けた彼の夢は、今やっと鎖を解かれて自由を得、まばゆい航跡を夜空に残して宇宙へと旅立っていった。

アメリカ初の人工衛星は、エクスプローラー1号と名付けられた。

日が変わった午前一時。記者会見会場に到着したフォン・ブラウンを、詰めかけた大勢の記者が迎えた。ある記者がフォン・ブラウンに、会場にあったエクスプローラー1号の模型を持ってポーズをとるように頼んだ。彼は気前よくそれに応じた。その顔は、まるで少年のような無邪気な笑みに包まれていた。

だが彼の心には、後悔を残して終えた夏のようなわだかまりがあっただろう。たしかに彼のロケットが宇宙に行きはした。だが、一番にはなれなかった……。

NASAの誕生、そして月へ

人々のスプートニクへの反応は、アメリカの政治家にとってもソ連の政治家にとっても驚きだった。小さな人工衛星がこれほどまでに世界の人々の注目を集め、熱狂的興奮やショックを与えるものだとは想像していなかったからだ。それ以降、味をしめたソ連も、焦ったアメリカも、莫大な国費を宇宙開発に注ぎ込むようになる。

フォン・ブラウンの成功から半年後、アメリカは新たな国家機関を発足させた。アメリカ航空宇宙局、NASAだ。そして一九六〇年、フォン・ブラウンの陸軍弾道ミサイル局はNASAに移管され、NASAマーシャル宇宙飛行センターと改称された（僕が勤めるJPLも同時に陸軍からNASAに移管された）。フォン・ブラウンはついにミサイル開発から解き放たれ、宇宙開発に専念する環境を手に入れたのだった。

技術とは天才の脳から勝手に湧き出るものではない。技術開発には金が要る。一九六〇年代に宇宙開発が爆発的に進んだのも、ひとえに莫大な資金が投入されたからである。スプートニクからわずか四年後の一九六一年、世界初の宇宙飛行士ガガーリンがコロリョフのR7ロケットに乗って宇宙へと飛び立ち、「地球は青かった」という詩的な言葉を持ち帰った。その三週間後、アメリカ初の宇宙飛行士アラン・シェパードが、フォン・ブラウンのレッドストーン・ロケットで宇宙へのサブオービタル飛行を行なった。

たしかに宇宙開発は冷戦のプロパガンダだった。それは事実だ。だが、よく見落とされている点がある。なぜ宇宙だったのか、という点だ。なぜ原爆実験や軍事演習や軍事パレードといった直接的な方法ではなく、宇宙開発という一見まわりくどい方法で国力を誇示する必要があったのだろうか？

あの「何か」が、フォン・ブラウンやコロリョフだけではなく、人々の心に根を張っていたからだ。それはSF小説やテレビ番組などを通して世界中の人の心に浸透した。人々は核ミサイルでお互いを殺しあう破滅的な未来ではなく、月や火星へと自由に旅する進歩的な未来を望んだ。だからこそ、高級車を作る国でも原子爆弾を作った国でもなく、宇宙飛行を最初に達成した国こそが科学技術の最先進国だと世界の人々が思ったのだ。

そして皮肉なことに、もとはミサイルとして開発されたR7とレッドストーンは、結局は兵器として使われることは一度もなかった。R7やレッドストーンは液体式ロケットである。先に解説した通り、液体式ロケットは宇宙へ行くためには最適だが、燃料を搭載した状態で保管できず即応性が低いため、兵器としては使い勝手が悪かった。結局、ミサイルとしてもっぱら用いられたのは即応性の高い固体式ロケットだった。フォン・ブラウンやコロリョフが義心からわざと無用な兵器を作ったのではなかろうが、宇宙を夢見る心から生まれた機械はやはり、宇宙を飛ぶようにできていたのである。宇宙開発が冷戦のプロパガンダに利用されたのではない。利用したのである。

フォン・ブラウンはNASAマーシャル宇宙飛行センターを率い、潤沢な資金を使って巨大なロケットを完成させた（19ページ章扉写真）。サターンV。重量はV2の200倍の3,000トン、高さは110m。二〇二三年にSpaceX社のStarshipが初飛行するまで史上最大のロケットであり続けた。[*10]

一九六八年、三人の宇宙飛行士を乗せたアポロ8号が、このロケットによって地球から月軌道へと打ち上げられた。月着陸こそしなかったが、人類が地球の重力圏を脱するのも、他の星を周回するのも、史上初めてだった。アポロ8号の旅は、百年以上前に書かれたジュール・ベルヌの『地球から月へ』のストーリーをそのままなぞるかのようだった。三人の男はフロリダから飛び立ち、月軌道から月面を間近に観察し、そして太平洋に帰還した。世界中の子供たちやロケットの父が熱狂したSFは、百年の時を超えて現実のものとなったのである。

その原動力は何だったのか？　ロケットの父たちが「変人」「狂人」と呼ばれた時代からたった五十年。何が人類を宇宙へ羽ばたかせる力の源となったのか？　何が人類の幼年期に終わりをもたらしたのか？

＊10　2022年に初飛行したNASAの新型ロケットSpace Launch SystemはサターンVとほぼ同規模だった。重量、高さは若干下回るが、発射時の推力はサターンVを上回った。

あの「何か」だ。ジュール・ベルヌや、ロケットの父や、フォン・ブラウンやコロリョフやスプートニクを見守った人々の心の中で戦慄き、蠢き、囁いた、あの「何か」だ。

それが何か、どんなものか、読者の皆さんには想像がついているだろう。なぜならそれはあなたの心の中にもあるからだ。だから本書ではこのまま「何か」と呼び続けても問題ないかもしれない。だが、あえてそれに名前を与えるならば、僕はそれを「イマジネーション」と呼ぶ。

イマジネーションとはウイルスのようなものだ。ウイルスは自分では動くことも呼吸をすることもできない。他の生物に感染し、宿主の体を利用することで自己複製して拡散する。イマジネーションも、それ自体には物理的な力も、経済的な力も、政治的な力もない。しかしそれは科学者や、技術者や、小説家や、芸術家や、商人や、独裁者や、政治家や、一般大衆の心に感染し、彼ら彼女らの夢や、好奇心や、創造性や、功名心や、欲や、野望や、打算や、願いを巧みに利用しながら、自己複製し、増殖し、人から人へと拡がり、そして実現するのである。

僕も七歳の時に感染し、利用されている。それは僕に火星ローバーのソフトウェアを開発させたり、奇妙なヘビ型ロボットを作らせたりして、地球外生命との遭遇という夢を果たそうとしている。またそれは僕にこの本を書かせた。この本の行間にもその複製が潜んでいる。そして今これを読んでいるあなたの心に巣喰い、あなたを利用しようと機会をうかがっているはずだ。

ウイルスが宿主を殺しながら広がるように、ジュール・ベルヌの小説を出版した出版社は買収されてなくなり、ヒトラーの野望は潰え、フルシチョフは失脚し、冷戦は終わり、ソ連は崩壊した。だが宇宙へのイマジネーションは生き残った。そして現代では民間企業が宇宙開発の主役になろうとしている。イマジネーションは、今度は資本主義というシステムに寄生し、さらなる高みを目指しているのである。

経済的・政治的な欲や野望や功名心は、短期的に見れば大きな力を持っているが、所詮は個人に帰属するものでしかない。人はやがて死ぬ。死ねばその人の欲も野望も功名心もこの宇宙から消えてなくなる。そして人のたった八十年の一生とは、宇宙の時間からすれば流れ星のように儚い一瞬の閃きでしかない。一人の個人がその間にできることなど、せいぜい最も小さい太陽黒点よりも小さな帝国を築いて有頂天になったり、いくばくかの富を集めて刹那的な満足に浸ったりする程度である。

星から星へと旅をするような大事業は長い時間がかかる。地球から月に行くだけで百年かかったのだ。人類――あるいは人類の子孫たる種――が太陽系、他の恒星系、そして銀河系の果てまで進出するためには、何千年、何万年、もしかしたら何億年の時間が必要かもしれない。それを実現できるのはイマジネーションだけだ。人から人へ、世代から世代へと感染していく力があるからだ。国籍や、人種や、宗教や、イデオロギーにかかわらず万人に共有されうるものだからだ。幾人の億万長者が死に、いくつのグローバル企業が消え、幾人の独裁者が斃れ、いくつの超大国が崩壊し、時代が変わり、文化が変わり、思想が変わり、価値観が変わり、いくつの川が乾き、いくつの野が焼け、いくつの山が崩れ、陸が海となり、海が陸となっても、人が存在する限り、夜空を見上げて遠くを夢見る心は決してなくならないからだ。

ジュール・ベルヌはこんな言葉を残したと言われている。

「人が想像できることは、すべて実現できる。」

映像ギャラリー❶

Disneyland - Man in Space

QRコードはYouTubeの映像へのリンクです。

1955年に最初のディズニーランドがロサンゼルス近郊に開園した際、宣伝のためディズニーはそれぞれのテーマランドのコンセプトに合わせたテレビ番組を制作した。
「トゥモローランド」の回に登場したのが、まだアメリカ陸軍でミサイル開発をしていた頃のフォン・ブラウンだった。その中で彼は四段式有人ロケットの構想を披露した。第一段は1,060トンの燃料を積み、29基のエンジンを束ねる。第二段は155トンの燃料と8基のエンジン、第三弾は13トンのエンジンと1基のエンジン。そして第四段は10人のクルーを乗せ地球を周回する。巨大なスケール、多数のエンジンを束ねるアプローチ、そして第一段を再使用するコンセプトは、どことなく現在SpaceXが開発中の巨大ロケットStarshipと似ている。映像の中のフォン・ブラウンはドイツ語訛りの英語で淡々と技術的説明をするが、その目には強い情熱がこもっているようにも見える。彼は宇宙飛行の夢を、テレビを通してアメリカ国民に売り込むつもりだったに違いない。彼は訴えた。「もし今、十分な予算の下に組織的な宇宙開発を始めれば、実用的な有人ロケットを10年以内に建造しテストできると信じています。」

実際にはこのわずか2年後にスプートニクが宇宙を飛び、7年後にガガーリンが世界初の宇宙飛行をした。フォン・ブラウンの予想を上回るスピードで現実は展開したのだった。そして当時のフォン・ブラウンは、最初の宇宙飛行を実現するのが自分たちではなくソビエト連邦になろうとは、思いもしていなかっただろう。

最初のフロンティア

地球をテニスボールの大きさ（直径6.7㎝）に縮め、あなたの掌に置いたと想像してみよう。

月は2ｍの距離にあるビー玉（直径1.8㎝）である。

金星は220ｍの距離にあるもう一つのテニスボール（直径6.4㎝）。

火星は390ｍの距離にあるピンポン球（直径3.5㎝）。

水星は480ｍの距離にあるプチトマト（直径2.5㎝）。

太陽は730ｍの距離にある二階建て住宅ほどの大きさの玉（直径7.3ｍ）。

木星は3.3㎞の距離にある大きめのバランスボール（直径73㎝）。

土星は6.7㎞の距離にある一回り小さなバランスボール（直径61㎝）。

天王星は14㎞の距離にあるバスケットボール（直径27㎝）。

海王星は23㎞の距離にあるもう一つのバスケットボール（直径26㎝）である。

目を瞑って想像してみてほしい。あなたの掌の上のテニスボールと、23㎞先にあるバスケットボールの間に広がる、虚空を。


もしこれらの世界まで新幹線の速さ（時速300㎞）で行ったらどれだけかかるか。

月までは53日かかる。

金星までは16年。

火星までは28年。

水星までは35年。

太陽までは57年。

木星までは240年。

土星までは480年。

天王星までは1000年。

海王星までは1700年。

太陽から最も近い恒星、プロキシマ・ケンタウリまでは1500万年かかる。

よく「宇宙は最後のフロンティア」と言われるが、それは間違っている。地球が最初のフロンティアであったに過ぎないのだ。

第2章

小さな一歩

マーガレット・ハミルトンと
アポロ誘導コンピューターのプログラム

Image credit: NASA

どんな鳥だって想像力より高く飛ぶことはできないだろう

寺山修司『ロング・グッドバイ』より

アポロはどうして月に行けたのだろうか？

考えてほしい。アポロ11号が月着陸を果たした一九六九年といえば、ケータイもデジカメもカーナビもなく、電子レンジやエアコンすらほとんど普及していなかった。人々はレコード盤でビートルズを聴き、カラーテレビを持っているお金持ちの家にクラスメイト全員が集まってウルトラマンや長嶋茂雄を見ていた。飛行機は東京からニューヨークまで直行できずアラスカで給油する必要があり、コンピューターは一般人には縁遠く、電卓すら数十万円するデカブツだった。「捏造説」を信じる人がいるのも、無理はないかもしれない。なぜそんな時代に、人類は月へ行くという大事業を成し遂げることができたのだろうか？

宇宙飛行士の活躍によるものだろうか？　たしかに、勇敢で頭の切れる宇宙飛行士のとっさの判断がミッションを救ったことは度々あった。だがもちろん、宇宙飛行士だけの力で月に行ったわけではない。

政治的要因によるものだろうか？ たしかに、冷戦やケネディ大統領のカリスマ性がなければアポロ計画は始まらなかっただろう。とはいえ、政治家が予算を付けたりマイクに向かって喋るだけで魔法のように宇宙船やロケットが現れるわけでもない。

アポロには四十万人もの人が携わっていた。技術者や科学者だけではなく、縁の下で支える事務員、建設作業員、運転手なども大勢いた。四十万人が誇りと責任を持って、人類を月に送るという一つの目標に向かい働いていた。

こんな逸話がある。一九六二年、ケネディ大統領がＮＡＳＡを視察に訪れた時、廊下にホウキを持った清掃員がいた。ケネディは視察を中断して話しかけた。

「あなたは何の仕事をしているのですか？」

彼は胸を張って誇らしげに答えた。

「大統領、私は人類を月に送るのを手伝っています！」

なぜアポロが月に行けたのか？ その鍵は、政治家の名演説よりもむしろ、現場の技術者の創造性の中にあるのではなかろうか？ 月を歩いた十二人の宇宙飛行士の華やかな活躍よりもむしろ、無名の四十万人の泥臭い努力の中にあるのではなかろうか？

だから本章では、アポロを底辺から支えた技術者たちを主役に据えてアポロ計画を描いてみようと思う。テレビで語られる宇宙飛行士の英雄伝だけではなく、彼ら彼女らが酒の席で友人に愚痴ったような苦労談を書いてみようと思う。トップダウンではなくボトムアップの視点から、「なぜアポロは月へ行くことができたのか？」という問いへの答えを探ってみようと思う。

たとえば、ジョン・ハウボルトというNASAラングレー研究所の技術者がいた（上の写真）。

ジョン・ハウボルト　Credit: NASA

つり上がった眉、ギョロッとした目、下がった口角。頑固を絵に描いたような顔だった。無名の彼はある「常識」に対してNASA上層部に異論を唱え、別の斬新なアイデアを頑固に主張した。身の程をわきまえない行為だと批判された。だが結果的に、そのアイデアなくしては「一九六〇年代が終わるまでに人類を月へ送る」というケネディが掲げた目標は達成不可能だった。

またたとえば、マーガレット・ハミルトンというMITの若き女性プログラマーがいた（75ページ章扉の写真）。丸メガネと肩の下まで伸ばしたくせ毛が、温和そうな顔をより一層穏やかに見せていた。彼女は「ソフトウェア」という言葉すらなかった時代に、ある革

左：アポロ司令船、右：月着陸船　Credit: NASA

新的なソフトウェアを開発した。それはアポロ11号を着陸直前の危機から救うことになった。

二人にとってアポロは戦いだった。技術的困難との戦いであり、時間切れとの戦いであり、常識との戦いであり、権威との戦いであった。そこには数式と図面と実験だけではなく、駆け引きがあり、喜怒哀楽があり、人間ドラマがあった。これから描くのは、その戦いの軌跡である。

嘘だらけの数字

一九六九年七月二〇日ヒューストン時間12：18

世界の二億人の目が、テレビを通して、史上初の月着陸を目指すアポロ11号の三人の宇宙飛行士に注がれていた。

「それじゃあ猫ちゃんたち、月面で気楽にな。もしハーハーゼーゼーしてたら馬鹿にしてやるぜ。」

1961年に描かれたアポロ宇宙船の想像図。直接上昇モードを前提としているため、巨大な宇宙船になっている　Credit: NASA

そう言って司令船に残るマイケル・コリンズがボタンを押すと、ニール・アームストロングとバズ・オルドリンを乗せた月着陸船が司令船から切り離された。三人のうち月を歩くのはアームストロングとオルドリンの二人だけ。その間、コリンズの司令船は月面からわずか１００㎞の距離を周回しながら待つ。月を手で触れるほどに間近に見ながら歩かせてもらえない。彼に与えられた役割は「留守番」だった。

その頃、ヒューストンのＮＡＳＡ有人宇宙飛行センターのＶＩＰルームでは、本章の主役の一人であるジョン・ハウボルトが宇宙飛行士の会話を固唾をのんで聴いていた。ハウボルトの前の席にはＮＡＳＡマーシャル飛行センターの長官に出世していたフォン・ブラウンが座っていた。錚々《そうそう》たる顔ぶれが揃うＶＩＰルームの中で、ハウボルトは明らかに場違いだった。彼にはとてもＶＩＰと言えるような肩書きはなく、部屋の人たちのほとんどは彼を知らなかった。

なぜこんな無名の技術者がＶＩＰルームに招かれたのだろうか？

この男がある常識を覆したからだった。「月への行き方」についての常識だった。

右の図を見てほしい。これは一九六一年の時点でのアポロ宇宙船の構想図である。79ページにある実際のものとは大きく異なっていることにお気づきだろう。何といっても巨大だ。高さ27ｍもある。しかも司令船を乗せたまま月に着陸している。

これは当時想定されていた「月への行き方」が異なったからだ。こんな方法が想定されていた。83ページの図2上に描いたように、三人の宇宙飛行士を乗せた宇宙船は地球を飛び立ったあと、直接月に着陸する。誰も月軌道で「留守番」はしない。三人仲良く月面を歩く。そして宇宙船は月を離陸し、直接地球に帰還する。

この方法は「直接上昇モード」と呼ばれた。月面から離陸するための燃料だけではなく、地球に帰還するための燃料も月面に一度着陸させなくてはならない。だから宇宙船は巨大になる。それを打ち上げるロケットはさらに巨大になる。そのために「ノバ」という、実際のアポロの打ち上げに使われたサターンＶよりさらに2．5倍も大きいモンスター級ロケットが構想された。

アポロ宇宙船の設計の中心的立場にいたのは、NASAラングレー研究所のマックス・フェジットという技術者だった。フェジットは三十代でアメリカ初の有人宇宙船であるマーキュリーの設計を主導し名を上げていた。芸術家肌で、気むずかしく、他人の仕事に満足しないと臆面もなく罵倒した。フェジットは自分の正しさに絶対的な自信を持っていた。事実、ほとんどの場合においてフェジットの直観は正しかった。

フェジットも最初は直接上昇モード派だった。芸術家肌の彼はシンプルでエレガントなデザインを愛した。直接着陸し直接帰還するというシンプルさが、彼の直観に響いたのだろう。

一方、ロケット開発を指揮していたフォン・ブラウンは、図2下に描いたような方法で月に行くことを主張した。まず、宇宙船をいくつかのパーツに分解し、別々に地球軌道に打ち上げる。そして地球軌道上で宇宙船を組み立てる。そのあとは直接上昇モードと同じだ。直接月に着陸し、三人仲良く月面を歩き、直接帰還する。

フォン・ブラウンの方法では、別々に打ち上げた宇宙船のパーツが地球軌道上で出会い、ドッキングする必要がある。宇宙船同士が宇宙で出会うことを専門用語で「ランデブー」という（フランス語でデートの意味である）。だからこのアイデアは「地球軌道ランデブー・モード」と呼ばれた。

〈図2〉

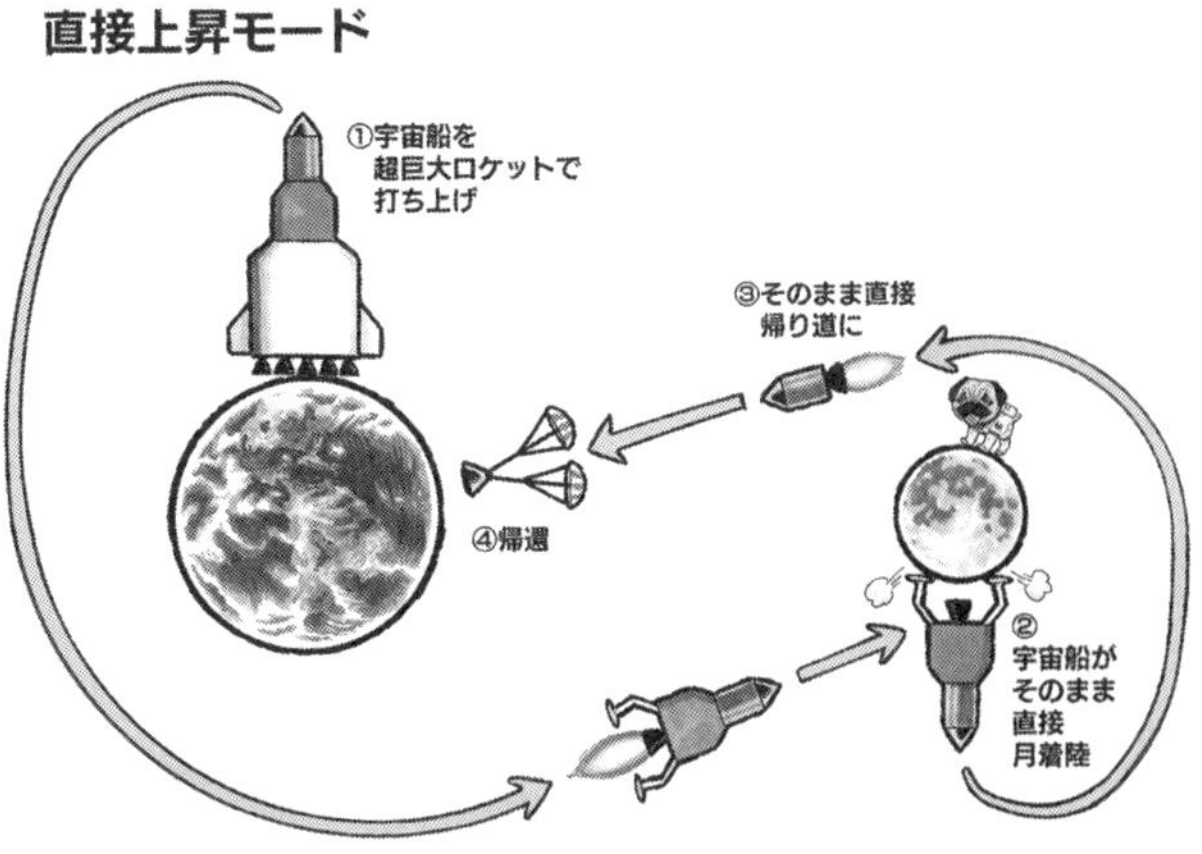
直接上昇モード
①宇宙船を
超巨大ロケットで
打ち上げ
②
宇宙船が
そのまま
直接
月着陸
③そのまま直接
帰り道に
④帰還

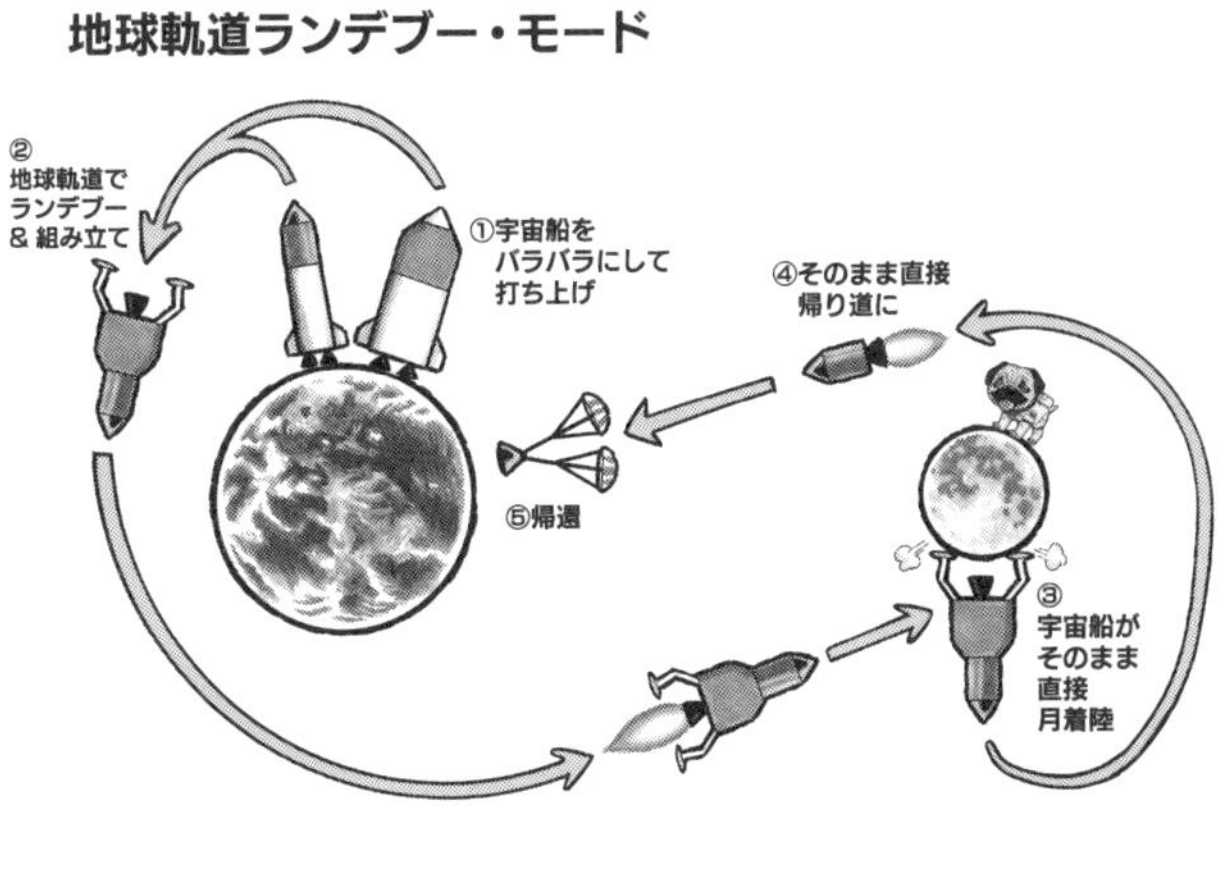
地球軌道ランデブー・モード
①宇宙船を
バラバラにして
打ち上げ
②
地球軌道で
ランデブー
& 組み立て
③
宇宙船が
そのまま
直接
月着陸
④そのまま直接
帰り道に
⑤帰還

〈図３〉

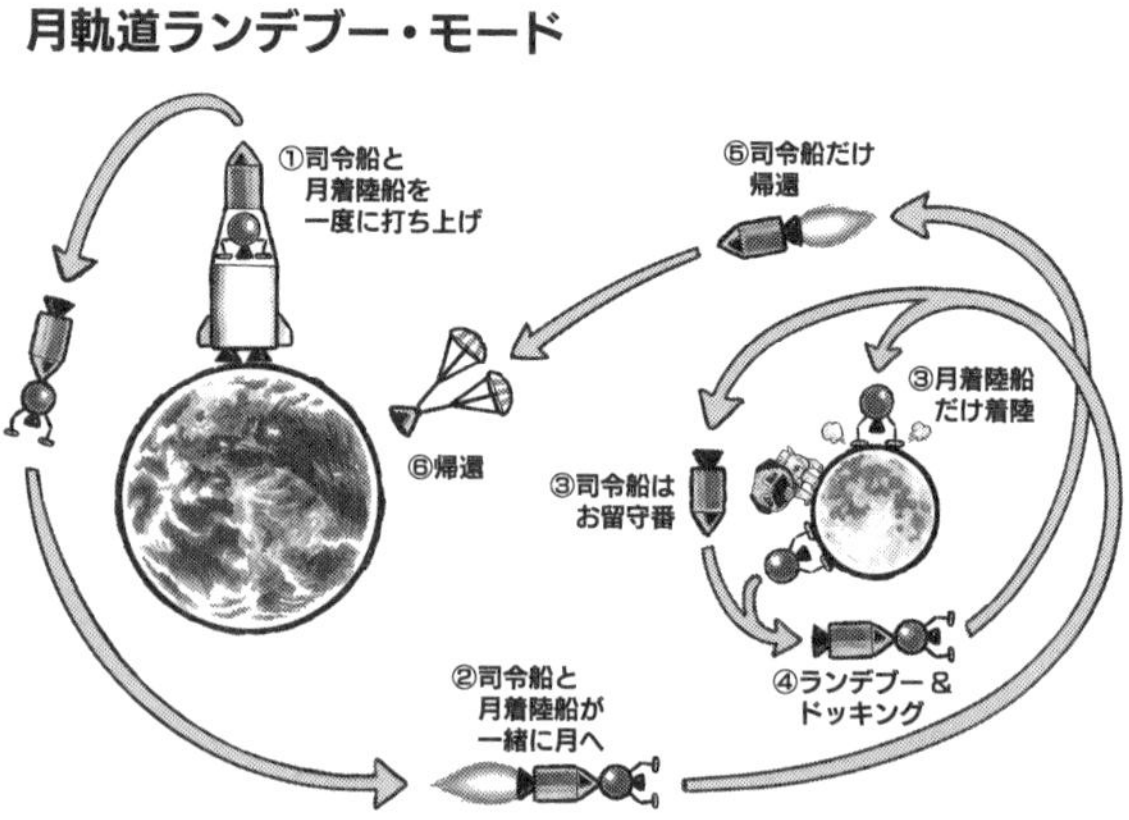

このモードだとモンスター級のノバ・ロケットは必要ない。だが、代わりにサターンVロケットを複数回打ち上げなくてはいけない。しかも、月面に巨大な宇宙船を着陸させなくてはいけないという問題は未解決だった。

当時はこの二つのモード以外に現実的な解があるとは、誰も思っていなかった。どちらを選ぶにしても技術的ハードルは非常に高かった。

そこへ、ある奇抜な「第三のモード」を主張する男が現れた。ジョン・ハウボルトだった。

ハウボルトが主張したのは、アポロを歴史として知っている現在の我々にとっては当たり前となっている、こんな方法だった。

図3のように、まず司令船と月着陸船の二つの宇宙船をセットで打ち上げる。月軌道到着後に両者を分離し、月着陸船は月に着陸する一方、司令船は月軌道で留守番をする。月探査を終えた後、月着陸船は月軌道で司令船とランデブーし、ドッキングする。宇宙飛行士が司令船に乗り移った後、月着陸船は投棄され、司令船のみが地球に帰還する。月軌道でのランデブーが必要なため、この方法は「月軌道ランデブー・モード」と呼ばれた。

このモードならば、地球に帰還するための燃料は月軌道に残していける。だから月着陸船ははるかに小さくて済む。そのため打ち上げもサターンVロケット1機で済む。直接上昇モードと地球軌道ランデブー・モードの欠点を一度に克服する、画期的なアイデアだった。

しかし、ハウボルトのこのアイデアに、誰一人としてまともに取り合う者はいなかった。フェジットは冷酷に言い放った。

「お前の数字は嘘だらけだ。」

無名の技術者の反抗

もちろん、フェジットは理由もなく月軌道ランデブー・モードをこき下ろしたのではない。当時の技術では、ランデブーのリスクが高すぎると思われたからだ。

もし月軌道ランデブーに失敗したら、月着陸船の宇宙飛行士が地球に帰るすべはない。司令船で留守番をしていた宇宙飛行士は仲間を生きたまま見捨てて帰るしかなくなる。見捨てた仲間の最期の声を、電波を通して聞きながら……。一方、地球軌道ランデブーならば失敗しても地球に安全に帰還できる。

なぜランデブーが難しいのか？　想像してほしい。月は地球より小さいとはいえ、その表面積はアフリカ大陸よりも広い。アフリカ大陸のどこかにいる二匹のライオンが、GPSもなしに待ち合わせ通りに落ち合うことなど可能だろうか？　しかも司令船は時速6,000㎞もの猛スピードで飛んでいる。速度も正確に一致させなければドッキングはできない。そしてチャンスは一度しかない。失敗すれば宇宙飛行士は死ぬ。

リスクはあまりにも高いと思われた。ハウボルトは何度も月軌道ランデブーを売り込んだが、皆の反応は同じだった。

「クレイジーだ。」

なぜ、ハウボルトは折れなかったのだろうか？　全員を敵に回し、自らの評価とキャリアをリスクに晒し、お偉いさんに罵言を浴びせられてもなお、なぜ彼は月軌道ランデブーを諦めなかったのだろうか？　同僚の忠告に耳を傾け、それに従う方がよほど楽だったのではなかろうか？

頑固なハウボルトはそんなことは微塵も思わなかったに違いない。彼はこう言い捨てた。

「奴らは思っていた通りのアホだ。」

そして月軌道ランデブーの研究を続けたのだった。

ハウボルトは常識よりも自らの数字を信じた。そして研究すればするほど、月軌道ランデブーが最良であるという確信は深まるばかりだった。布教を根気強く続けるうちに、少しずつハウボルトの意見に耳を傾ける人が出てきはしたが、こんな地道な牛歩ではNASAという巨大組織を動かすのに何百年かかるか知れなかった。

そこで一九六一年、上司の頭を何階層も飛び越してNASA副長官のロバート・シーマンスに直接手紙を書いた。もちろん普通なら許されることではなかった。その手紙は聖書から引用した言葉で始まっていた。

「荒野に呼ばわる者の声として、いくつかの考えを伝えさせてください。」

そして情熱的に月軌道ランデブーの利点を説き、こんな言葉で再考を促した。

「あなたは月に行きたいのですか、行きたくないのですか？」

この手紙はNASA上層部に回覧された。ある高官はこうコメントした。

「ハウボルト博士は組織のルールを逸脱しているとはいえ、彼の主張の多くの点に同意せざるを得ない。」

この手紙をきっかけにＮＡＳＡ本部も少しずつ動き出した。

その頃、ラングレー研究所内ではフェジットらによる宇宙船の設計が多くの難題にぶつかっていた。どうすれば一台の宇宙船に月着陸と地球帰還の二つの機能を詰め込めるのか？　巨大な宇宙船が月に着陸するときに、どうやって下方視界を確保するのか？

これらの問題をエレガントに解決する方法が、ひとつだけあった。月軌道ランデブーだった。月軌道ランデブーならば、それぞれの宇宙船はひとつの機能に特化できる。しかも宇宙船ははるかに小さくて済む。ランデブーがネックだったが、ハウボルトの研究により、ランデブーの難易度も思ったほどには高くはないことがわかってきた。

そうして、徐々に月軌道ランデブー派に「改宗」するものが現れだした。強硬に直接上昇モードを主張していたフェジットもいつの間にかこっそりと「改宗」した。

もちろん、エゴの強いフェジットは自分が間違っていたことは決して認めなかったし、ハウボルトの業績を認めることもしなかった。数年後にパーティーで二人が顔を合わせた時、フェジットは調子よくこう言い放ったという。

「月軌道ランデブーが一番いいことなんて、誰でも五分考えればすぐにわかるぜ。」

究極のエゴ

ちょうどその頃、ある唐突なニュースがNASAラングレー研究所に降ってきた。

「は？　ヒューストン？　誰がそんなクソ田舎に行くか！」

フェジットがニュースを聞いた時、そんな風に怒鳴っただろう。フェジットたちの宇宙タスク・グループがラングレー研究所から独立してテキサス州ヒューストンに移転し、新しいNASAセンターになる。そんな指示が、突如として本部から降ってきたのだ。日本の感覚でいえば、テキサスは「亜熱帯にある北海道」といったイメージだろう。灼熱。湿気。地の果てまで続く牧場。牛。牛。牛。牛。ヒューストンは大都市だが、ラングレー研究所のあるバージニアとは文化が全く違う。ほとんど島流しのようなものだった。

そうして七百人の技術者が渋々とヒューストン郊外の広大な空き地に移転してできたのが、NASA有人宇宙飛行センターだった（後にジョンソン宇宙センターと改称された）。フェジットは新センターの中心メンバーとなった。

一方、ハウボルトはヒューストンに行かなかった。彼に声がかからなかったのか、あるいは彼自身が頑固に拒否したのかはわからない。どちらにしても、ラングレーに残されたハウボルトはモード選択の議論からも取り残された。だが、ヒューストン移転組がラングレーを出発する頃には、皆すっかり月軌道ランデブー派に「改宗」していた。

しかしまだ最大の強敵が残っていた。フォン・ブラウンだった。彼と、彼が率いるNASAマーシャル飛行センターは地球軌道ランデブー・モードに固執していた。その理由のひとつは政治的なものだったと言われている。地球軌道ランデブー・モードは一回のミッションで複数機のロケットが必要なので、ロケットを担当するマーシャルの役割が大きくなる。対して月軌道ランデブー・モードならばヒューストンの役割が相対的に大きくなる。モード選択はセンター間の主導権争いでもあったようだ。

一九六二年四月、引っ越しを終えたばかりのヒューストンの主要メンバーがマーシャル飛行センターに出張した。ハウボルトには声がかからなかった。代わりに、かつてはハウボルトを頭ごなしに否定したフェジットらが、月軌道ランデブーの利点を丸一日かけてフォン・ブラウンたちにプレゼンした。

ミーティングが終わった時、会議室は長い沈黙に包まれた。マーシャルの優秀な技術者たちは頭では理解していたのかもしれない。だが、彼らは頑固に意見を変えなかった。

一九六二年六月、今度はNASA本部の面々をマーシャルに迎えてミーティングが行なわれた。フォン・ブラウンの部下たちは地球軌道ランデブーを必死に守ろうとした。

フォン・ブラウンは黙ってそれを聞いていた。彼は何を考えていたのだろうか？

もしかしたら、子供の頃の夢を思い出していたのかもしれない。十三歳の誕生日に母にもらった望遠鏡で夢中になって眺めた月。そこへ人類を送り込むことこそが、彼が見続けた夢だった。彼は月に行きたかった。誰よりも行きたかった。

聡明なフォン・ブラウンは、月軌道ランデブーが優れていることを既に理解していたのだろう。だが、もし月軌道ランデブーが選ばれたら、自分のセンターが主導権を失い、予算が減り、最悪の場合は部下をレイオフしなくてはならないかもしれない。それでもやはり、彼は自分の夢を叶えたかった。それはある意味、究極のエゴだった。

六時間に及んだミーティングの最後にフォン・ブラウンは立ち上がり、部下たちに唐突に告げた。

「ジェントルマン、今日の議論はとても面白かったし、我々は非常に良い仕事をした。地球軌道ランデブーは実現可能だ。だが、一九六〇年代終わりまでに月着陸を成功させる可能性がもっとも高いのは月軌道ランデブーだ。これをセンターの方針にしたい。」

言葉こそ丁寧だったが、それは独断だった。会議室は沈黙した。沈黙は受動的な受諾を意味した。そしてアポロ計画の主導権は、ヒューストンに渡ることになった。

ハウボルトの頑固で孤独な戦いは、こうして実を結んだ。しかし皮肉なことに、月軌道ランデブーがＮＡＳＡ全体の方針になるにつれ、この一介の技術者の名は忘れられていった。ハウボルトはミーティングに呼ばれることもなく、ミーティングがあることすら知らされず、月軌道ランデブーは語られてもハウボルトの名は語られることはなかった。

悔しかっただろうか。それとも、自分が蒔いた種が花咲くのを陰から見るだけで満足しただろうか。ハウボルトはフェジットやフォン・ブラウンほどはエゴが強くなかったかもしれない。それでも、誰にだって功名心というものはあるだろう。親の名を知らぬ愛娘が立派に成長していくのを、陰からこっそり見ることしかできない父の気持ちは、いかなるものだっただろうか……。

プログラム・アラーム1202

一九六九年七月二〇日、ヒューストン時間15：06

アポロ11号の月着陸船が司令船から切り離されてから、約三時間が過ぎていた。オルドリンはコンピューターのPROCEEDボタンを押し、「点火」と機械的に言った。月着陸船の降下エンジンが火を噴き、着陸に向けて減速を始めた。足元たった2m下で火を噴くエンジンの音は真空の帳に遮られ、アームストロングとオルドリンの耳には全く聞こえなかった。月面を背にして飛ぶ月着陸船の窓からは、漆黒の宇宙に浮かぶ青く美しい地球が見えていた。その時……

ビー、ビー、ビー、ビー……

かん高い警報音がヘルメットの中に鳴り響き、コンピューターのPROGと書かれたランプが黄色く点滅した。

「プログラム・アラーム」

アームストロングが冷静な声で言った。オルドリンはコンピューターのキーを叩き、エラーの原因を問い合わせた。コンピューターは無機質な4桁の数字を返した。

「1202」

オルドリンはヒューストンにその数字を告げた。訓練で経験したことのないエラーだった。

「1202」

オルドリンは繰り返した。ヒューストンからの返事はない。アームストロングが口を開いた。

「1202プログラム・アラームの意味を教えてくれ。」

声に苛立ちが混じった。無数のスイッチが並ぶ計器板の真ん中に"ABORT"と書かれた赤い大きなボタンがあった。これを押せば緊急退避プログラムが作動し、降下ステージが投棄され、上昇ステージのエンジンが船を安全な月軌道に押し上げる。それはつまり、月

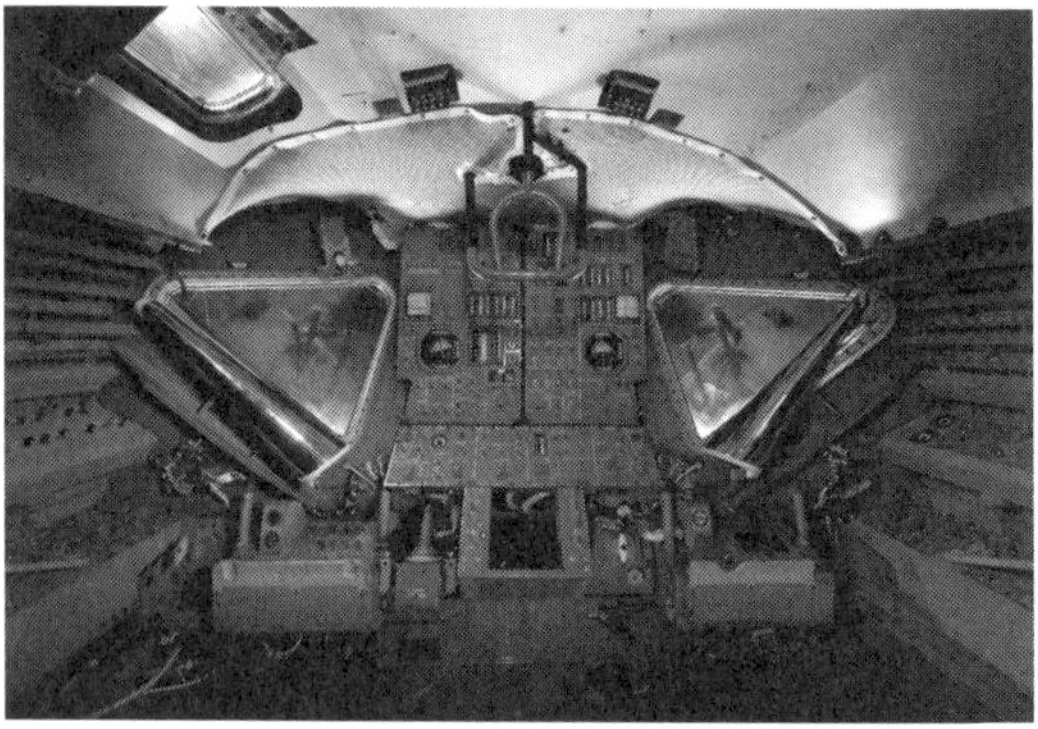

月着陸船の内部　Credit: NASA

着陸の失敗を意味した。

テレビで見守る二億人が息をのんだ。「なんだ、1202って……?」人々はささやき合っただろう。誰にもわからなかった。VIPルームにいたフォン・ブラウンやハウボルトにもわからなかった。何かの異常事態が起きていることは明らかだったが、それは一体何なのか? どれほど深刻なのか? 復旧可能なのか? そして月着陸は可能なのだろうか?

「1202」の意味を知る者は、おそらく世界に数人しかいなかっただろう。その一人が、ヒューストンから2,500㎞離れたマサチューセッツ工科大学(MIT)の一室にいた、本章の二人目の主役、マーガレット・ハミルトンだった。

なぜ彼女は知っていたのだろうか?

アポロ誘導コンピューター

「一九六〇年代が終わるまでに人間を月に送り込む」とケネディ大統領が演説したのが一九六一年。その時二十四歳だったマーガレット・ハミルトンは、アポロが自分に関係のある話だとは思わなかっただろう。彼女はマサチューセッツ州ボストン近郊にあるMITリンカーン研究所でソ連機の自動追尾システムの開発に携わっていた。田舎町に生まれた彼女は、大学で数学を学んだ後、結婚し、北の都ボストンに移り住んで、後に女優となる一人娘のローレンを生んだ。当時はまだ働く女性は少なく、技術職ではなおさらだった。夫が学生だったため、彼女の収入が一家を支えた。

二年ほど経った一九六三年のある日、ハミルトンはある噂を耳にした。同じMITのインスツルメンテーション研究所（現ドレーパー研究所）が、「月に人を送るためのコンピューター」を開発しているという噂だった。「一生に一度のチャンスだ」と思った彼女はすぐに電話をかけ、その日のうちに二つの部署と面接を取り付けた。面接の日に両方から合格の知らせが来た。一方が本命だったが、もう一方を断って相手を傷つけるのが嫌だった彼女は、コイントスで決めてくれと伝えた。本当にコイントスをしたかはわからない。彼女は結果的に望んでいた部署に雇われ、アポロ誘導コンピューターのソフトウェア開発

アポロ誘導コンピューター　Credit: NASA

をすることになった。

アポロ誘導コンピューター。ＭＩＴが開発したこのコンピューターは、宇宙を飛んだ最初のデジタル・コンピューターのひとつだった。その計算速度は現在のスマートフォンの一億分の一にも満たない。[*1] しかしそこには時代をはるかに先取りしたイノベーションが詰め込まれていた。

その一例が集積回路（ＩＣ）だ。当時、コンピューターといえば部屋ひとつを占める巨大な代物で、小さな町の灯りを全部つけられるくらいの電力を食った。宇宙船に搭載するためには、革命的に小さく、軽く、省電力にする必要があった。それを可能にした魔法が当時の最新技術だったＩＣだ。まだＩＣを採用する電気製品はほとんどなく、一九六三年には全米で生産されるＩＣの60％がアポロ向けだった。

サイズは小さくても、アポロ誘導コンピューターには

＊1　アポロ誘導コンピューターの処理速度は12,245 FLOPS。一方、2023年発売の iPhone 15に搭載された A16チップは1,789 **ギガ** FLOPS である。

コア・ロープ・メモリ　Credit: Nova13

絶対的な信頼性が求められた。「間違えてデータが飛んじゃった」などということは許されない。それは宇宙飛行士の死を意味するかもしれない。アポロ誘導コンピューターのプログラムやデータを格納するメモリ（ROM）には、叩いても蹴っても絶対に消えない仕掛けがあった。データが「縫い付けて」あったのだ。どういうことかというと、このROMは「コア・ロープ・メモリ」といって、上の写真のように無数のリングと電線でできている。リングを電線が通ると1、通らないと0を表す。一度縫われてしまえば、叩いても蹴ってもメモリを消すことは物理的に不可能なのだ。

コア・ロープ・メモリは、0と1の列を女性の作業員さんたちが一針、一針、縫い針で縫って作った。彼女たちの指先に、月への旅の成否がかかっていた。

新技術「ソフトウェア」

おそらくアポロ誘導コンピューターに搭載された最も斬新な技術は「ソフトウェア」だろう。当時は「ソフトウェア」という言葉すらほとんど誰も聞いたことがなかった。

現代の人はあまりにも「ソフトウェア」という概念に慣れすぎて、それがどれほど革新的なものだったか想像しづらいかもしれない。腕時計を例に取ってみよう。二本の針と文字盤から成る昔ながらの腕時計である。それは時刻を表示する機能だけを持つ機械だ。では、年月日も表示する機能が欲しくなったらどうするか？　歩数計の機能を追加したかったらどうするか？　時計を分解して設計し直すか、別の時計を買うしかない。ひとつの機械はひとつの機能しか持たないのが常識だった。電話、時計、カメラ、ディスプレイ……必要な機能の数だけ機械が必要だった。

現代ではそれが全てスマートフォン一台で済む。新しい機能が欲しい時はアプリ（アプリケーション・ソフトウェア）をインストールするだけだ。そのたびに新たな機械を買ったり、分解して再設計したりしなくてもいい。ソフトウェアを変えるだけで機械が進化する。これは破壊的イノベーションだった。

ソフトウェアを搭載する。この斬新な設計思想の正しさはすぐに証明された。当初NA

SAがMITに求めた機能は、ナビゲーション、つまり宇宙船の現在位置と速度を計算することだけだった。ところが開発が始まって三年後の一九六四年に、オートパイロットの機能も追加するようにNASAが求めてきた。従来の機械ならば回路を再設計する必要があった。だが、アポロ誘導コンピューターならばソフトウェアを書き換えるだけで済んだ。このエレガントさこそが、ソフトウェアの力である。

この頃に転職したマーガレット・ハミルトンに与えられた仕事はもちろん、オートパイロット・ソフトウェアの開発だった。彼女の担当は、万が一ミッションが失敗し緊急退避することになった場合のプログラムだった。新米にこの仕事が回されたのは、この機能が使われることはまずないだろうと思われていたためだった。彼女はそのソフトウェアに「忘れてね《Forget it》」という茶目っ気のある名前をつけた。

開発は夜を徹して行なわれた。当時は現代よりもなおさら仕事と育児の両立が難しかったに違いない。夜や休日は四歳の娘のローレンを職場に連れてきた。そしてローレンが職場の床で寝ている間にハミルトンはプログラムを書いた。「よく娘をそんな風に放っておけるね」と同僚から皮肉を言われることもあった。

だが、ハミルトンたちが苦労の末に開発したオートパイロットを毛嫌いする人たちがいた。宇宙飛行士だった。たとえば、ある宇宙飛行士はMITの技術者に言い放った。

「もちろん打ち上がった瞬間にコンピューターの電源なんて切ってやるさ。」

この頃の宇宙飛行士のほとんどは軍隊パイロット出身だった。コンピューターなどに頼らず自分の手で操縦することが男の誇りだという飛行冒険家時代の古いヒロイズムが、彼らの血の中に残っていた。とりわけ古参の宇宙飛行士がそうだった。ある者は容赦なく技術者を罵倒した。ヒューストンにミーティングに来たＭＩＴの技術者に、こんな言葉が投げつけられた。

「時間の無駄はやめて、ＭＩＴに帰って考え直せ。」

だが、手動操縦にこだわった宇宙飛行士はことごとくシミュレーションで月面に墜落した。アポロ宇宙船は非常に複雑で、もはや人間の手だけで操れるものではなかったのだ。技術の進歩は、男の古臭いエゴに付き合うことはなかった。宇宙飛行士に選択肢はなかった。月に行きたければ、操縦桿を握るのではなく、コンピューターを操って宇宙を飛ばなければならなかった。

宇宙飛行士は完璧か？

マーガレット・ハミルトンはすぐに頭角を現し、数年のうちにアポロのフライト・ソフトウェア全てを統括する立場になった。仕事は多忙を極めた。彼女は夜や休日も関係なく働き、娘のローレンはすっかり職場の顔馴染みになった。

ある日、退屈したローレンはアポロのシミュレーターで遊んでいた。そして偶然、「P01」という打ち上げ準備のプログラムを作動させてしまい、シミュレーターがクラッシュした。

それを見たハミルトンはふと思った。万が一、実際の飛行中に宇宙飛行士が同じ間違いをしたらどうする？　宇宙飛行士だって人間だ。ならば間違いを犯しうるのではないか？

そして彼女にアイデアが閃いた。当時の常識では、コンピューターは人間に指示された仕事を忠実にこなすだけの機械だった。機械が人間に意見することなど考えられなかった。だが、その常識から逸脱すれば人間の間違いを未然に防ぐことができる。つまり、人間がプログラムの実行を指示した時、それが致命的な結果に至らないかをコンピューターがチェックする。もし危険があると判断した場合は人間の指示を拒否したり、アラームを出したりする。

当時のプログラムはキーボードではなくパンチカードで入力する必要があるため、開発には余計に時間がかかった。大きなプログラムは何千、何万枚ものパンチカードになった。そしてどんなに忙しくても、子育てに休みはなかった。

しかし、苦労の末に完成したエラー回避ソフトウェアはＮＡＳＡに却下された。「宇宙飛行士は完璧に訓練されているから決して間違えない」というのが理由だった。中でも誰よりも激しく反対したのは、宇宙飛行士自身だった。たとえばアメリカ初の宇宙飛行士でアポロ14号の船長となるアラン・シェパードは冷淡に言った。

「この安全ソフトを全部消せ。もし俺らが自殺したくなったら、させろ。」

一体何がハミルトンを前に進ませ続けたのだろう？　女性は家で家事をするのが常識だった時代に子育てをしながら働き、夜を徹して作ったプログラムを却下され、宇宙飛行士に罵言まで浴びせられてもなお、なぜ彼女は常識に抗おうとしたのだろうか？

この時は結局ハミルトンが折れ、代わりに宇宙飛行士向けのマニュアルにこう書き込んだ。

「飛行中にＰ０１を実行しないこと。」

ハミルトンが正しかったことは、後に証明された。

一九六八年のクリスマス。ＭＩＴの会議室にいたハミルトンは、ヒューストンからの電話に呼び出された。電話の主は切迫感のある声でアポロ８号のトラブルを告げていた。

アポロ８号は有人宇宙船としては初めて地球軌道を脱して月を周回した後、地球への帰途についていた。再突入までの二日半の航海は特に大きな予定もなく、ジム・ラベル宇宙飛行士は六分儀を使ったナビゲーションの実験をしていた。六分儀とは十八世紀の船乗りが星を使って大海原で自分の位置を知るための道具である。アポロにもコンピューターに接続された六分儀が搭載されており、電波による追跡が万が一失敗した場合、それを使って十八世紀の船と基本的に同じ方法でナビゲーションし地球に帰還することになっていた。

繰り返し作業のため集中力が切れていたのかもしれない。ジム・ラベルは「01」番の星をコンピューターに登録しようとした際、間違えて禁断の「ＰＯ１」を作動させてしまった。コンピューターのナビゲーション・データがリセットされ、現在位置を見失ってしまった。このままでは地球への帰還は不可能だった。

ハミルトンたちは数時間かけて入念に問題を診断し、ヒューストンと宇宙飛行士に解決法を指示した。最後はラベルが六分儀で星を観測し手動でナビゲーション・データを再調整し、事なきを得た。もしハミルトンが提案した安全ソフトが採用されていれば未然に防げたはずのトラブルだった。

ハミルトンもなかなかの頑固者だったようだ。安全ソフトは採用されずに終わった。しかし、どんな人間でも間違いを犯しうるという洞察、そしてコンピューターが人間の間違いを補えるというアイデアを、彼女は捨てなかった。

後にアポロ11号を危機から救うことになる技術は、彼女の思い付きから生まれた。

「自分たちプログラマーも間違いを犯しうるのではないか？」

そう謙虚に考えたのだ。もちろん、ソフトウェアは徹底的にチェックされる。それでも、徹底的に訓練された宇宙飛行士もミスを犯すように、チェックをすり抜けてしまうバグもあるかもしれない。ならば、万が一バグがあっても人命に関わるトラブルを回避できるソフトウェアを作ればいいのではないか？

この思想のもと、ハミルトンのチームはアポロのソフトウェアに、ある重要な機能を忍び込ませた。もし万が一、何らかの原因でコンピューターがフリーズしそうになったら、プログラムを一度全て終了し、宇宙飛行士の生死に関わる重要なプログラムだけを再起動させる。そしてそれを知らせるためにアラームを出す。

そのアラームのコードが「１２０２」だった。

The Eagle has landed

一九六九年七月二〇日、ヒューストン時間15：06

「１２０２」

バズ・オルドリンの声がヒューストンの管制室に響いた。バック・ルームに控えていた技術者は即座にその意味を理解した。ハミルトンがプログラムした通りに、コンピューターはフリーズを回避し、月着陸に必要なオートパイロットを実行している。彼はそれを誘導管制のベイルズに伝えた。

ほぼ同時進行で、フライト・ディレクターのジーン・クランツが各担当に「ゴー」か「ノー・ゴー」かを尋ねた。一つでもノー・ゴーがあると月着陸は中止だ。ベイルズは力強く答えた。

「ゴー！」

アラームが出てからわずか二十秒。迅速な連携プレーにより、月着陸は継続された。

原因は後に判明した。宇宙飛行士が使うチェックリストに誤りがあり、オフになっているべきレーダーがオンになっていた。そのせいで処理しきれない量のデータがコンピューターに流れ込んでいたのだ。ハミルトンのエラー回避機能がなければ、コンピューターはこの決定的なタイミングでフリーズし、月着陸は中断されていただろう。

その後も何度か同じアラームが出たが、オートパイロットは正常に作動し続け、月着陸船イーグルは高度300mまで降下していた。アームストロングは窓の外を見てはっとした。オートパイロットがイーグルを導く先に、サッカー場ほどの大きさのクレーターと岩

「一人の人間にとっては小さな一歩だが、人類にとっては大きな飛躍だ」というニール・アームストロングの言葉はあまりにも有名である
Credit: NASA

場が見えたのだ。その瞬間、彼は“ATTITUDE HOLD”モードに切り替えた。オートパイロットが降下速度をコントロールする間、アームストロングが水平方向の速度をコントロールしてクレーターを回避する。コンピューターと人間の、息のピタリと合った二重奏だった。

「燃料は？」

アームストロングが聞いた。

「8％」

オルドリンが答えた。

「オーケー、良さそうな場所がある」

だが近づくにつれ、そこも安全ではないことがわかった。

「クレーターを飛び越す」

そのすぐ先に、わずか30m四方の平らな場所があった。アームストロングとコンピューターは、まるで回路で接続されているかのように息を合わせ、その場所にイーグルを導いた。

「60秒」

燃料の残りをヒューストンが告げた。エンジンが巻き上げる砂煙が窓を覆った。

「30秒」

アームストロングに話す余裕はなかった。月着陸船はゆっくりと、灰色の月面へ降りていった。

「着地ライト」

オルドリンが言った瞬間、アームストロングが「エンジン・ストップ」ボタンを押した。振動が止まり、キャビンは静寂に包まれた。二人はヘルメットの中から無言で目を合わせた。アームストロングが感情を抑えた声で言った。

「ヒューストン、こちら静かの海基地。イーグルは着陸した《The Eagle has landed》。」

この広大な宇宙にいくつの文明があるだろう。全ての文明はどこかの世界で生まれ、成長し、やがて別の世界を訪れる時が来る。その転換点を、人類文明はこの時、迎えたのだった。

「ジョン、ありがとう」

忘れてはならないことがある。アポロの歴史的偉業の裏には、月を歩いた十二人の宇宙飛行士やケネディ大統領だけではなく、無名の四十万人のヒーローがいたことを。四十万人に四十万の戦いがあった。その一つ一つが常識との戦いであり、不可能への挑戦だった。

そしてそれは現代でも同じだ。あらゆるイノベーションや大プロジェクトの裏には、有名なCEOや裕福な投資家や演説の上手な政治家だけではなく、数多くの無名の技術者、科学者、秘書や事務員や運転手や清掃員や作業員がいるのだ。スティーブ・ジョブズがメディアカンファレンスで行なった華々しいプレゼンテーションではなく、日々技術者が向かう散らかった机こそが、未来が生まれる現場なのである。

マーガレット・ハミルトンはアポロ11号の月着陸の瞬間をMITの会議室で見届けていた。アポロ誘導コンピューターを開発した大勢のMITの技術者や、彼らを支えた秘書や事務員も一緒だっただろう。コア・ロープ・メモリを一針一針縫った女性作業員たちはどこで見ていたのだろうか。「人類を月に送るのを手伝っているのです」と大統領に胸を張って答えた清掃員はどこで見ていたのだろうか。

NASAやMITの職員だけではない。税金でアポロを支えた市民たちも当事者だった。

テレビの生中継を興奮しながら見届けた世界の二億人の人たち全てが当事者だった。三十億人の人類全てが当事者だった。

アームストロングとオルドリンは、いわば三十億人のアバターだった。月に降り立ったのは二人の人間ではない。人類だったのである。

ジョン・ハウボルトは月着陸の瞬間をヒューストンのＶＩＰ室で見ていた。部屋は歓喜に沸いていた。ＶＩＰたちがなりふり構わず飛び上がり、手を叩き、叫び、涙して喜んでいた。この無名の技術者が頑固に月軌道ランデブー・モードを押し通さなければ、一九六〇年代の月着陸は不可能だっただろう。しかし、それを知っているＶＩＰは、果たして部屋の中にいただろうか？　そもそもハウボルトの名すら、知っている人はいたのだろうか？

一人、いた。

フォン・ブラウンだった。

フォン・ブラウンがどうしてハウボルトを知ったのかはわからない。彼は巨大なエゴの持ち主だったが、ドイツ貴族の生まれのためか、礼儀や義理を重んじる人でもあった。そしてハウボルトは間違いなくフォン・ブラウンの幼少からの夢を叶えた恩人だった。

イーグルが着陸した後、ハウボルトの前に座っていたフォン・ブラウンは振り返り、一言こう言った。

「ジョン、ありがとう。」

鳥は翼で空を飛ぶ。人はイマジネーションで月に行く

なぜアポロは宇宙へ行けたのか？

ハウボルトとハミルトンのストーリーを読んだ後では、答えの半分は自明だろう。彼ら彼女らのように、常識と戦い、常識に打ち勝った人たちが大勢いたからだ。

常識を破るとは、言うのは簡単だが実行するのは困難だ。常識はまるで巨木のように、見えない地下で網の目のように根を広げている。幹をいくら押しても倒すことはできない。無名の四十万人の一人一人が、スポットライトの届かぬ地下で昼夜努力し、その根を一本、一本取り払っていった。そして木は倒れ、時代は超越され、人類は月に「小さな一歩」を残したのである。

だがしかし、もう半分の疑問が残っている。なぜ彼らは常識に染められることなく、打ち破ることができたのだろうか？　常識は覆すよりも受け入れる方がよほど簡単だ。盲目的に信じるのはもっと簡単だ。そもそも自分が常識に囚われていることすら気づかないこ

との方が多い。

ケネディが「一九六〇年代の終わりまでに人類を月に送る」と高らかに宣言した時、アメリカの有人宇宙飛行の経験はたった十五分の弾道飛行を一度行なっただけだった。使用したロケットはフォン・ブラウンがV2を改良して作った重量30トンのレッドストーン。その時代に、重量3000トンものロケットを作り、二週間の月飛行を行なうなどという夢物語を、なぜフォン・ブラウンやマーシャル飛行センターの技術者たちは常識外れだと思わなかったのだろうか？

月に着陸することはおろか、無人探査機を月にただ衝突させることすら六回連続で失敗していた時代。GPSなどなく、地球上の船すら灯台の光に頼って航海していた時代。38万km離れた月の軌道上で、二台の宇宙船が場所と速度をぴったり合わせてランデブーすることが可能だと、どうしてジョン・ハウボルトは信じることができたのだろうか？

コンピューターといえば部屋まるまるひとつを占めていた時代。ラップトップもスマートフォンもなく、電卓すら稀だった時代。人々が「ソフトウェア」という言葉すら知らなかった時代。そんな時代にバイオリンほどのサイズのコンピューターを作り、そこにオートパイロット機能を搭載し、さらには人間の失敗をコンピューターが補うなどという非常識を、なぜマーガレット・ハミルトンは不可能だと思わなかったのだろうか？

あの「何か」のせいだ、と思う。

イマジネーションだ。

イマジネーションとは見たことのないものを想像する力だ。常識の外に可能性を見出す力だ。翼を持たぬ人間が青い空を見上げて飛ぶことを夢見る力だ。目には今存在するものしか映らない。だが、目を瞑り、常識から耳を塞ぎ、代わりに想像力の目をイマジネーションの世界へ向けて開けば、今ないものをも見ることができる。現在だけではなく未来も見ることができる。

フォン・ブラウンの想像力の目には見えていたのだ。高さ１１０ｍ、重量３０００トンもある巨大なロケットが、豪炎を吐きながら空へと昇って行く姿が。

ハウボルトの想像力の目には見えていたのだ。男女がダンスするように二台の宇宙船が月軌道で手を取り合いランデブーする姿が。そしてそれこそが人類を月に送り込むためのもっとも現実的な方法であることが。

ハミルトンの想像力の目には見えていたのだ。人間とコンピューターがお互いの弱みを補い合い、二人三脚で宇宙を飛ぶ姿が。そしてソフトウェアという新技術が切り拓く無限の可能性が。

全ての技術はイマジネーションから生まれた。なぜなら、もし全ての人が今存在するものしか見えなかったら、新技術は決して生まれないからだ。目を瞑り、常識から耳を塞ぎ、想像力の目で未来を見た先駆者がいたからこそ、車も、電気も、電話も、飛行機も、ロケットも、月軌道ランデブーも、アポロ誘導コンピューターも、全ての技術が生まれたのである。鳥は翼で空を飛ぶ。人はイマジネーションの力で月に行ったのである。

20XX年宇宙の旅

一九七二年十二月十四日、アポロ17号は月面から離陸した。それから五十年以上が経過したが、この世界を訪れた人間は未だ一人もいない。

人類は後退したのだろうか？　そうではない。次章に書くように、何十機もの無人探査機が火星、木星、土星、それらの衛星、そして天王星、海王星まで訪れ、小惑星からサンプルを持ち帰った。そのうち二機は太陽系を飛び出し星間空間にまで達した。人類の宇宙の理解は劇的に進歩した。人類は月のはるか先へと進んだ。

しかし、人類は二度と月に戻らないのか？　そんなこともない。二〇〇〇年代には無人月探査が再び活発化した。日本のかぐやは月面に縦孔を発見し、インドとアメリカの探査機は南極のクレーターの永久影に氷を発見した。二〇一九年には中国の嫦娥四号が史上初めて月の裏側に着陸し、搭載されていたローバー玉兎二号の走行にも成功した。

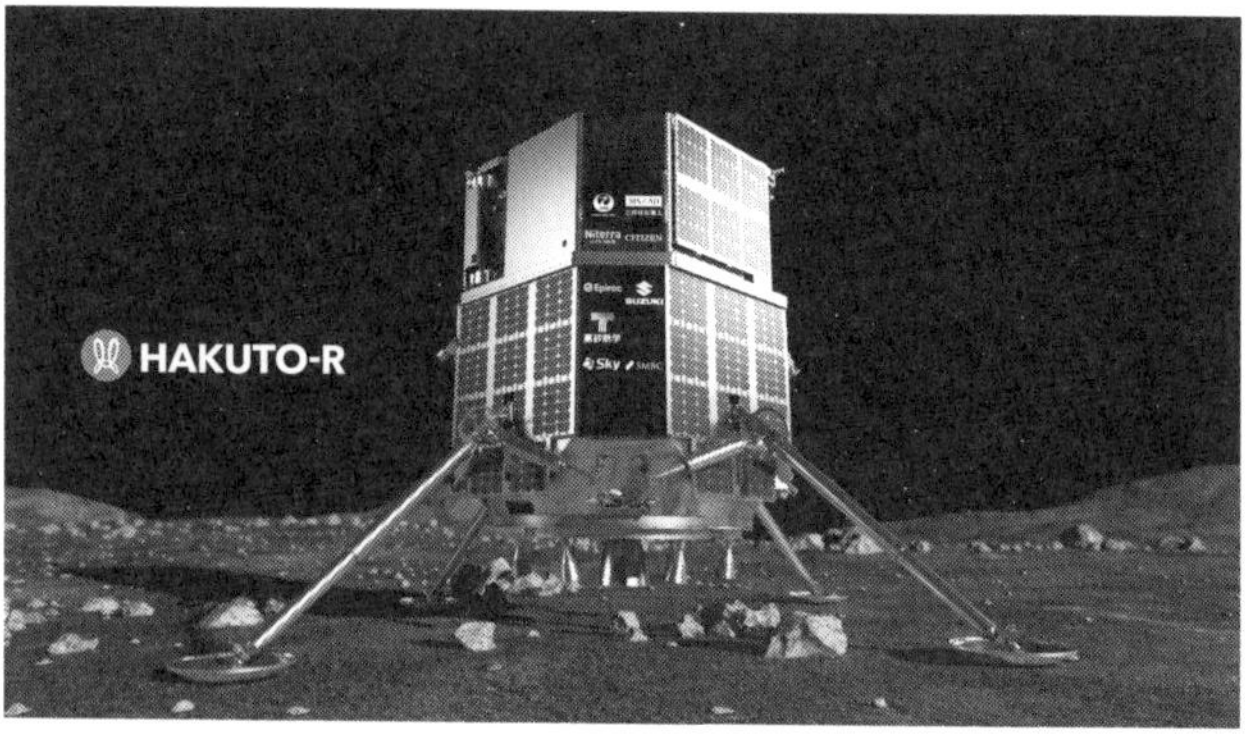

日本の民間宇宙スタートアップ企業(株)ispace による月着陸船 RESILIENCE ©ispace

民間宇宙開発の進展により、月はさらに身近になるだろう。現在、NASAは民間企業に月面への物資輸送を委託するCLPS（Commercial Lunar Payload Services）というプログラムを実施している。その契約を勝ち取り、将来の月ビジネスに繋げるため、いくつもの民間企業が月着陸機の開発を競っている。

そのひとつが日本のispace社だ。二〇二二年十二月、ispaceは民間月面探査プログラムHAKUTO-Rにおいて月着陸船を打ち上げ、世界初の民間による月面着陸に挑戦した。二〇二三年三月には月軌道投入に成功し、四月二六日に月面着陸に挑んだ。着陸態勢に入った段階でソフトウェアによる高度の誤認識があり、残念ながら軟着陸には至らなかったが、そこで得られた知見は次のミッションで生かされるだろう。

二〇二四年一月には、ispaceのライバルであるアメリカのAstrobotic社が、ＣＬＰＳ契約の下での初の民間月面着陸に挑んだが、月への飛行中に燃料漏れが発生し、月軌道投入を待たずに失敗した。

それから間もない一月二十日、ＪＡＸＡの月着陸機ＳＬＩＭが日本初の月面着陸を成功させた。着陸直前のエンジンのトラブルにより、三点倒立のような姿勢での着陸になってしまったが、搭載ペイロードは正常に作動し、月の極寒の夜を越すことまで成功した。さらに着陸直前に放出された小型ロボットＬＥＶがＳＬＩＭの撮影をすることにも成功した。

続く二月十五日、Intuitive Machines社がＣＬＰＳ第二弾となるミッションを打ち上げた。着陸機の名はオデュッセウス。ホメロスの叙事詩のヒーローの名である。１週間の旅の後、二月二十二日に、ついに民間企業で史上初となる月面着陸を成功させた。またしても予定外の姿勢での着陸となってしまったが、搭載ペイロードの作動や月面での撮像に成功した。今後もさまざまな企業の月面ミッションが続く。いよいよ、民間企業が月面開発の裾野を広げていく新時代が始まったのである。

遠くない将来、月は宇宙観光の手頃な目的地になるだろう。最初のうちは旅行者は億万長者に限られるだろうが、数十年すればサラリーマンの退職金程度の額で行けるようになるかもしれない。

僕も行けるならぜひ行ってみたい。もちろんお金はかかるしリスクもあるだろうから、子供たちの学費を払い終わり、結婚式を見届け、さらに妻の説得に成功したらの話だが。

あなたも見てみたくはないだろうか。未だかつてたった十二人の幸運な人間しか見たことのない月世界を。昼間の空に輝く星を。遠景が霞まず遠近感の欠如した非現実的な風景を。銀色の砂漠が地球の青い光に淡く照らされる夜を。

それはまだあなたの目には見えない。だが、見る方法がある。目を閉じよう。そして想像力の目を開こう。イマジネーションの世界へ……。

……あなたは種子島宇宙港から地球軌道ホテル行きの便に乗る。ホテルのロビーにはケープ・カナベラル、バイコヌール、酒泉やシュリーハリコータから到着した様々な人種や国籍の旅行者がいる。地球軌道ホテルに長期滞在する老夫婦。宇宙遊泳のオプショナル・ツアーに挑戦する若者の一団。シャトル便に乗り換え軌道研究所へ行く科学者もいる。あなたはここに長居はせず、月軌道ステーション行きの船に乗り換える。

月までは二泊三日の旅だ。地球がどんどん小さくなり、月はみるみる大きくなる。軌道投入エンジンが火を噴く。船はゆっくりと月軌道ステーションにドッキングする。

ステーションは地球軌道ホテルに比べこぢんまりしていて、設備も質素だ。ここから月面各地へ向かう着陸船が出ている。もっとも人気の観光地はアポロ11号の着陸地である「静かの海」。あなたの行き先もそこだ。

着陸船の降下エンジンが始動する。加速度で重力が戻ったように感じるが、真空の帳に遮られてエンジンの音は全く聞こえない。船は「静かの海宇宙港」に音もなく降り立つ。シートベルト着用ランプが消え、あなたは立ち上がろうとして天井に頭をぶつけてしまう。重力が六分の一なのをうっかり忘れていた。

トランキリティ・シティーのホテルに荷物を降ろしたあなたは早速、旅の最大の目的地に向かう。八輪の月面バスに揺られること20分。バスはその建物のドッキング・ポートに接続される。ポートの上には鷲が月に舞い降りるエンブレムが掲げられ、「アポロ11号博物館」と書かれている。

あなたは博物館の順路に沿って進む。最初の展示はジュール・ベルヌの『地球から月へ』の初版本。続いて三人の「ロケットの父」とフォン・ブラウン、コロリョフ。ハミルトンやハウボルトといった技術者が紹介されている。ベトナム戦争、公民権運動、ビートルズ、ヒッピーといった当時の世相の展示もある。

そして最後の部屋に入る。そこはガラス張りのドームで、銀色の無機質な月の風景と遠くの街明かりが見える。床もガラス張りで、月面に乱雑に足跡がつけられているのが見える。アームストロングとオルドリンが残した足跡だ。そしてその足跡をたどった先に、アポロ11号の月着陸船イーグルの降下ステージが鎮座している。巻き上がった月の砂で汚れた機体。上昇ステージの噴煙の痕。アームストロングが用心深く月面へ降りて行った梯子。地面には星条旗とテレビカメラが立っている。離陸前に投棄されたスコップ、ブーツ、宇宙食のパッケージや採尿器まで、そのままガラスの床の下に保存されている。見上げれば、ガラスの天井の向こうに三日月状に欠けた小さく青い地球が浮かんでいる。

あなたは何を考えるだろうか？
あなたは何を感じるだろうか？
あなたは何を想像するだろうか？

映像ギャラリー❷

Artemis - the first woman on the Moon

SpaceX 社による有人月面着陸船の想像図　Image credit: NASA

アポロ計画の栄光は決して朽ちることがないが、月を歩いた宇宙飛行士12人と、月面周回した宇宙飛行士12人は全員、白人男性だった。これでは人類全体を代表しているとは言い難い。そして1972年のアポロ17号以来、誰一人として月はおろか、地球低軌道以遠にすら行ったことがない。

現在、NASA は日本を含む世界各国と協力しアルテミス計画を進めている。その目的はアポロ計画を繰り返すことではない。女性と有色人種を含む、真の人類代表を月に送り込むこと。そして単に行くだけではなく、月面に人類の恒久的なプレゼンスを築くことだ。JAXA はトヨタと共同で月面ローバーを開発するなどして協力している。日本人宇宙飛行士が月を歩く日も、やがて訪れるだろう。

その先陣として、2022年にアルテミス 1 ミッションが行なわれた。サターンV に匹敵する大きさの NASA の新ロケット SLS により、無人のオリオン宇宙船が月軌道へ打ち上げられ、無事に帰還した（ムービー左）。月着陸船 HLS は民間企業の SpaceX 社と、Blue Origin 社が率いる企業連合である National Team が開発している。SpaceX は HLS の打ち上げに用いる完全再使用型の巨大ロケット Starship の飛行試験を二度行なった（ムービー右）。両者とも残念ながら失敗に終わったが、ハイペースで試験を行ない、失敗から学んで成功に繋げるのが SpaceX のアプローチである。

本稿執筆時点では、2025年に初の月周回ミッションが、2026年に初の月面着陸ミッションが予定されている。

異世界の空

地球の空は青く、白い雲が浮かんでいる。他の世界の空は、どんなだろうか？

金星の空は常にオレンジ色の雲に覆われている。太陽は見えない。昼はおよそ60日続く。雲に覆われて星の見えない退屈な夜も約60日続く。もしこの世界に雲がなければ、太陽は西から昇り東に沈む。

火星の一日の長さは24時間40分。あなたは毎日40分ずつ寝坊できる。一日は青い朝焼けで始まる。昼間の空はクリーム色。そして、太陽は青い夕焼けを纏って沈む（巻頭カラーiiページの写真）。夜空には地球と同じ星座が見えるが、北極星は北にない。代わりに天の北極近くにあるのは、はくちょう座のデネブである。

ガス惑星である木星には明確な地面というものはないが、雲の上に浮かべば四つの月が満ち欠けを繰り返すのが見えるだろう。その一つ、エウロパの氷の地表に立てば、巨大な木星が空にじっと動かず、威圧感を持ってあなたを見下ろしている。

土星もガス惑星だ。その雲の上から見れば、美しい輪が地平線から反対の地平線まで架かる雄大な光景を見ることができるだろう。

土星最大の衛星タイタンの空も、金星と同じようにオレンジの雲で覆われている。そこから冷たい雨が降る。マイナス１８０℃のメタンの雨だ。地に落ちた雨滴は集まって川を成し、メタンの湖に注ぐ。

天王星のほとんどの場所では常に白夜または極夜である。昼は42年続く。夜も42年続く。平均的な人間の寿命では、日の出を一度しか見ることができない。

太陽系から約40光年先にある系外惑星トラピスト１ｅの空は、もしかしたら地球とよく似ているかもしれない。青い空に白い雲が浮かび、時には水の雨が降るかもしれない。だが、太陽は空の一点に静止して動かない。日の出も日没もない。惑星の裏側は常に夜で、その空には他の惑星が月のように満ち欠けしながら動くのが見えるだろう。

そんな光景を人類が目にする日は、いつか来るのだろうか？

第３章

一千億分の八

星間空間を旅するボイジャー　Image credit: NASA/JPL-Caltech

The greatest scientific discovery was the discovery of ignorance.
（最大の科学的発見は無知の発見であった。）
ユヴァル・ノア・ハラリ『ホモ・デウス』

夜空を見上げれば幾万の星が輝き、その間を惑星がゆっくりと彷徨う。肉眼では見えぬけれども、星々の多くは惑星を従え、惑星の多くは衛星を従える。そのひとつ、ひとつに世界がある。その想像は自然と、次の二つの問いに行きつく。

そこに何かいるのか？

そこに何がいるのか？

もし、どこまでも見える魔法の望遠鏡があって、向こうで緑色の宇宙人が手旗信号でも振っているのが見えれば話は簡単だ。もし森や、畑や、街明かりが見えれば、何がいるかは明瞭にわからずとも、何かがいるのはわかるだろう。だが残念ながら、まだ人類は魔法の望遠鏡を持っていない。

もし、鑑定士がダイヤモンドを手にとって虫眼鏡でつぶさに調べ真贋を確かめるように、惑星を手にとって好きな場所を好きな角度から見ることができれば、すぐに答えが出るだろう。生物学者がするように、惑星を水槽に入れて長い時間観察したり、試薬を垂らして反応を確かめたり、あるいはメスで解剖でもできれば楽だ。だが残念ながら、異世界はあまりにも大きく、遠く、そして人類は未だ地球の重力に縛られる非力な存在だ。

そんな人類は、宇宙の謎にこれまでいかにしてアプローチしてきたのだろうか？

そのプロセスは、片思いの相手が自分を好きかどうか、想像を巡らすのと似ているかもしれない。転校してきたばかりのあの子にあなたは一目惚れする。しかし彼女のことを何も知らない。話したことすらほとんどない。にもかかわらず、あの子は自分に気があるのか、ないのか、四六時中考えてしまう。あの子の心をハックして感じていることを全て読み出せれば便利だが、そうはいかない。花びらを一枚ずつちぎりながら「すき」「きらい」「すき」「きらい」と唱えるほどメルヘンでもない。

そこであなたは、既存の知識や常識に照らして、その子についての非常に限られた観測をいちばんうまく説明する仮説はどちらか考える。

たとえば、廊下ですれ違った時に素通りされてしまった（観測）。以前に付き合った人は、付き合う前から会うたびに視線を送ってくれた（既存の知識との照合）。だからきっと僕に興味がないのだろう（仮説の選択）。そう考え、あなたは落胆する。

翌朝、通学路で会ったのでおはようと言ったら、僕を下の名前で呼んでくれた（観測）。親しみを感じない相手を下の名前で呼ばなかろう（常識との照合）。もしかしたらあの子は気があるのかもしれない（仮説の選択）。そう思いあなたは浮かれ気分になる。

そうして、あなたの小さな心は、毎日少しずつ蓄積するわずかな情報の断片から、好きか、嫌いか、どちらの仮説がもっともらしいか、一生懸命に想像する。結論は右へ、左へ、毎日揺れる。ゆらゆらと揺れながら、あなたはだんだん彼女の心をよく理解するようになる。

異世界に生命はいるのか、いないのか。この問いに対する人類の想像も、右へ、左へと揺れている。何しろ我々はほとんど何も知らないのだ。人類が現時点でもっとも網羅的な探査を行なった地球以外の世界は火星だが、それですら我々の知識は非常に限られている。火星は地球の全陸地とおよそ同じ面積がある。その広大な大地に降り立った探査機はたった十台。ローバーの総走行距離は二〇二四年一月時点で１１０㎞弱。想像してほしい。宇宙人が地球のたった10カ所に着陸し、１１０㎞走っただけで、何がわかるだろう？

ましてや火星以遠の世界となると、人類の知識は大洋に浮かぶ一片の芥だ。そのごくわずかな情報に対し、地球上での知識や常識と照らし合わせて、そこに何かいるのか、何がいるのかを、人類は一生懸命頭をひねって考えてきた。

ほんの六十年ほど前まで、情報を集める手段は望遠鏡しかなかった。最初は、夜更かしの天文学者が寒い夜に小さな望遠鏡を空に向け、接眼レンズと膝の上のスケッチブックを交互に見ながら、望遠鏡の視野に結ばれた不明瞭な像を鉛筆でスケッチした。やがて写真乾板が目と鉛筆の代わりとなり、スペクトル分析など新しい観測手法が生まれ、光だけではなく電波でも観測を行なうようになって、得られる情報は大きく増えた。さらに一九六〇年代半ばから人類は異世界に宇宙探査機を送り込むようになり、間近から様々な観測を行うようになった。人類は太陽系の八つの惑星全てと数十の衛星、小惑星や彗星に探査機を送り込み、そのいくつかには着陸し、そしてその四つから岩石のサンプルを持ち帰った。

それでもなお、現在の人類が得た情報は、知り合って三日目の転校生のようなものである。それだけ宇宙は広く、遠く、人類は非力なのだ。だから地球外生命についての想像も依然として右へ左へ揺れている。揺れつつも、少しずつ振幅は小さくなり、不確定性は減りつつある。

宇宙に命はあるのか。この問いに対する想像の変化の過程は、おおよそ三つの期間に分けることができる。

第一は古代から一九六〇年代に初めて人類が惑星探査機を飛ばすまでの長い期間だ。多くの人は火星や金星、空に散らばる無数の世界に命は普遍的にあるだろうという、楽観的な考えを持っていた。

第二は初期の金星・火星探査ミッションの直後。想像の振り子は真逆に振れた。宇宙のどこまでいっても、ほとんど全ての世界は小惑星の爆撃に無力に晒された不毛の世界だろうという、悲観的な想像を持つようになった。

そして第三はそれから現在に至るまでの約五十年だ。この間、様々な探査機が太陽系の数十の世界を訪れ、いくつものイマジネーションを超える発見が成され、その結果として振り子が少しずつ戻りつつある。未だ地球外生命の証拠はどこにも見つかっていないが、生命が存在しうるオアシスのような環境が、不毛と思われていた世界の隠された場所にいくつか見つかった。そして人類は今後数十年、そのような「オアシス」にターゲットを絞り、いよいよ地球外生命の証拠を掴もうとしている。

そのドラマを、本章で描きたいと思う。

偉大なる降格
Great demotion

そこに何かいるに違いない。初期の楽観的な想像は、カール・セーガンが「地球の偉大なる降格」と呼んだ宇宙観の変化からもたらされた。

古の人々にとって、宇宙に世界はひとつしかなかった。今、我々が足で踏みしめているこの世界、この大地だ。では空に輝く星々や惑星は何なのか？　その認識は文化によってまちまちで、ある人々は光る石と考え、ある人々は空に穿たれた針の穴と考え、ある人々は神の化身と考えた。いずれにしても、まさか夜空に淡く光る小さな点の一つ一つが、大地と同じかそれ以上に大きなものだとは誰も思わなかった。西洋言語で地球（terra, earth, etc.）とは「地」の意味だ。「地」は宇宙で唯一無二の地位を占めていた。「宇宙に何かいるか？」という問いは、この宇宙観からは生まれ得なかった。

地球に最初の「降格」をもたらしたのは、紀元前五世紀の古代ギリシャに生きたデモクリトスだった。彼は記録に残る限り初めて、宇宙には無数に世界があり、「地」はそのひとつに過ぎないという考えに至った人の一人だった。その考えは自然と「そこに何かいるのか？」という問いを生んだ。「いるだろう」。デモクリトスは考えた。

しかし、たとえ地球が「オンリー・ワン」から「ワン・オブ・メニー」に降格しても、依然として宇宙における特権的地位は失っていなかった。天動説、つまり地球が宇宙の中心にあるという考えは、アリストテレス以来二千年にわたって揺らぐことはなかった。地動説がなかなか世に受け入れられなかった理由は、それが神の創りし地の決定的な「降格」を意味するからだった。地球の降格はまた、人類の無知の克服の過程でもあった。カール・セーガンが「偉大なる降格」と呼んだ所以である。

地動説を唱えたのはご存じの通りコペルニクスだが、それに科学的整合性を与えたのは十七世紀のヨハネス・ケプラーだった。全ての惑星は太陽を焦点とする楕円軌道を回るというケプラーの法則は、後にニュートンによる万有引力の発見に結びつき、現代においても探査機のナビゲーションに欠かせないツールとなっている。地球は宇宙において特別ではないという認識は自然と、命ある世界も地球だけではなかろうという想像に繋がったのだと思う。あまり知られていないケプラーの著作の中に、『夢』と題された月世界についての小説がある。もっとも、この頃はフィクションとノンフィクションに明確な区別はなく、科学的著述と想像が入り混じった作品である。ある意味、SFの先駆けと言えるかもしれない。その中にこんな一節がある。

ここ（月）の土から生まれるものは全て怪物のような大きさだ。成長はとても速い。全ての生物の体は重たいため、寿命は短い。プリボルビアン（月の裏側の住人）は定まった棲家を持たない。日中、彼らは干上がり行く水を求め、ラクダより長い足を使って、また翼や舟を使って月世界を動き回る。

地球外生命や宇宙人への想像は海からも来ただろう。ケプラーが生きたのは大航海時代末期だった。地図にまだ空白が多く残されており、船乗りは競うようにその空白を目指した。大洋に隔てられた新大陸にも原住民がおり、絶海の孤島にすら豊かな生物相があった。人と獣と草は、空と海と土と同じくらいに普遍的なものだった。ならば宇宙にも、と考えるのは自然であっただろう。

天文学の進歩はその想像をさらに膨らませた。たとえば、十七世紀から十九世紀にかけて、火星の一日の長さ（24時間40分）や自転軸の傾き（25度）が地球と非常に近いことがわかり、季節変化や大気が存在し、極地方には「極冠」と呼ばれる氷があることもわかった。自ずと「火星人」のイマジネーションが生まれた。

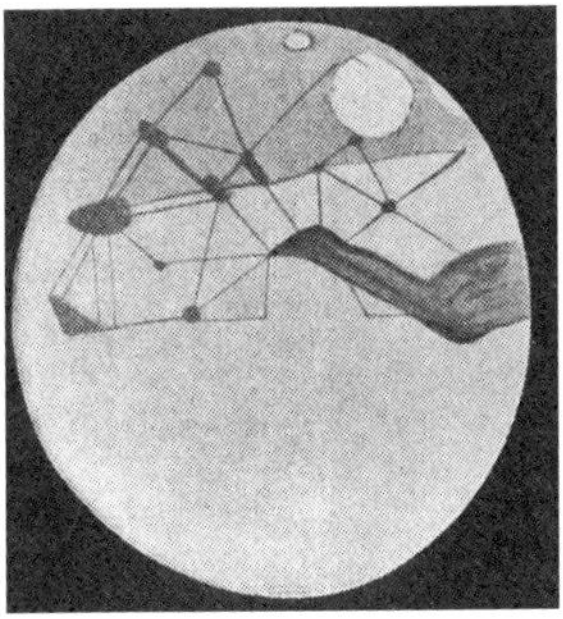
ローウェルがスケッチした火星の「運河」

十九世紀後半、イタリアの天文学者スキアパレッリは火星に直線的な地形を見つけ、それを"canali"と呼んだ。それが「運河」を意味するcanalsという英語に誤訳され、それを見たアメリカの大富豪ローウェルのイマジネーションに火を付けた。彼は私財を投じて天文台を建設し、自ら望遠鏡を覗いて火星を見てみると、果たして本当に運河が「見えた」のである。「これは火星が知的かつ建設的な生命の

H.G. ウェルズの小説『宇宙戦争』に登場した火星人

棲み家であることの直接的証拠である」とローウェルは宣言した。

　ちょうどこの頃、ジュール・ベルヌの成功を受けて多数のＳＦ作家が世に出ていた。自然と、多くのＳＦ作品が宇宙人をテーマに取り上げた。中でも一八九八年に出版されたＨ．Ｇ．ウェルズの『宇宙戦争』はその後の宇宙人観に絶大な影響を与えた。お馴染みのタコ形の火星人は、この小説から生まれたものである。「残虐な宇宙人による地球侵略」という、現代のＳＦでも度々取り上げられるテーマの先駆けも、この小説だった。

　その後、望遠鏡の解像度が上がり、火星の運河は否定され、知的文明の存在も懐疑的に見られるようになった。それでも、初めて宇宙探査機が火星を訪れた一九六五年まで、火星に何らかの生命がいるという想像は異端ではなかった。たとえば、大シルチス台地などにある黒い地形は植物によるものではないか、と考える者もいた。科学は生命の存在を積極的に肯定はしなかったが、かといって否定もしなかった。

　一九五〇年代までは「金星人」もおかしな想像ではなかった。金星はサイズも質量も地球とほぼ同じである。太陽に近いため多くの熱を受けるが、惑星全体が反射率の高い雲に覆われているため、ちょうど火山灰が空を覆って気候を寒冷化させるような仕組みで、地表温度は地球と大差ないだろうと考えられていた。人々は金星の分厚い雲の下に海があり、川が流れ、森があり、花が咲く世界を想像した。金星人をテーマにしたSFも多く書かれた。

もし何百光年か離れた星にある文明の天文学者が太陽系を観測したら、同じように考えるかもしれない。金星と火星はハビタブルゾーンのぎりぎり境界付近にある。ハビタブルゾーンとは、恒星から近すぎず、遠すぎず、適度な大気圧下で液体の水が存在できるリング状のゾーンである。宇宙人の天文学者は、太陽系には生命が存在しうる惑星が三つある、と考えるかもしれない。

現代の我々は、金星や火星が生命にとって住みよい環境ではないことを知っている。金星の表面は460℃、95気圧の地獄のような世界だ。一方、火星は南極のような寒冷砂漠である。赤道付近では夏に気温が氷点を超えることもあるが、平均気温はマイナス63℃で、極度の乾燥状態にある。これは太陽から遠いためではなく、大気が薄すぎるためだ。温室効果が不十分な上、標高が高い地域では気圧が水の三重点を下回るため、いかなる温度でも水は液体で存在できない。ならば人工的に火星の大気を濃くすれば居住可能な世界にできるのではないか、というアイデアが「テラフォーミング」である。

スプートニクが宇宙で歌い、アポロ計画が月を目指して動き出した頃も、金星や火星に生命がいるという想像は衰えていなかった。だから、一九六〇年代に人類が初めて惑星探査機を送り出した時、最大の興味のひとつは生命だった。「何かいるのか？」とある人は期待した。またある人は「何がいるのか」と想像した。

しかし、その想像はたった二機の探査機によってシャボン玉が弾けるように儚く消えることになる。

NASAに飾られた一枚の「塗り絵」

僕が勤めるNASAジェット推進研究所（JPL）は、年中快晴のロサンゼルス郊外の、アロヨ・セコという普段はほぼ涸れている川が山から平野に流れ出す場所にある。空の青さ相応に、所内の文化もカジュアルで自由だ。六千人の職員のうちネクタイを締める人はほぼおらず、マネージャーでさえTシャツと短パンで出勤することも珍しくない。僕もよくサンダルで出勤する。夕方になると山から子連れの鹿が下りてきて所内で草をはんでいる。

そんなJPLの179号棟の壁に、一枚の「ぬり絵」が額に入れられて大切に飾られている（次ページ写真）。紙を赤や茶色やピンクのパステルで塗りつぶしただけの手描きの

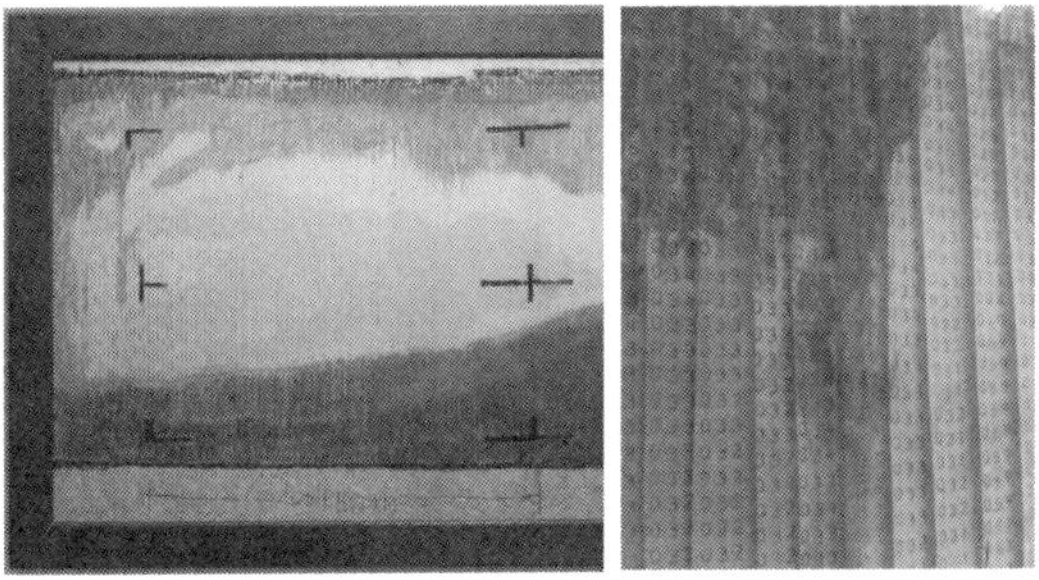

左：NASA ジェット推進研究所の壁に飾られている「ぬり絵」
Credit: NASA-Caltech/JPL/Dan Goods
右：「塗り絵」の拡大画像（撮影：筆者）

絵だ。近づいてみると、紙には無数の数字がタイプされている。まるでイタズラ好きの子供が、父親のカバンから盗み出したデータシートに落書きしたようだ。

なぜこんなぬり絵がＮＡＳＡで大事に保存されているのか？

実はこれは、史上初の「デジタル画像」である。しかし、なぜ手書きのパステル画なのに「デジタル」なのだろうか？

そしてこの絵には、火星の素顔を初めて見た人類の様々な感情がこもっている。破裂せんばかりの期待。抑えられない興奮。そして、「あの子はやっぱり僕に気がないんだ」と思い込んだ若者のような落胆と孤独が。

火星探査の話を始める前に、いかにして惑星へ航海するかについて、少しお話ししよう。

惑星への飛行は昔の帆船の航海と似ている面がある。帆船は航海できるタイミングが限られていた。たとえばイスラム黄金時代のアラブ商人は、北風の吹く冬にアラビアからアフリカへ航海し、南風の吹く夏にアラビアへ戻った。

地球から火星へ航海できるタイミングは二年二ヶ月に一度しかない。二年二ヶ月に一度、内側を公転する地球が外側をゆっくり公転する火星を追い抜く。そのおよそ四ヶ月前から二ヶ月後までの間が出帆のタイミングだ。航路が開く期間を「ローンチ・ウィンドウ」と呼ぶ。

地球を出帆した船は、図4のように太陽を約半周回って火星に着く「ホーマン軌道」と呼ばれる航路を取る。航海には六ヶ月から八ヶ月かかる。まっすぐ飛ばないのは、この方がはるかに少ない燃料で行けるからだ。ホーマン軌道で航海する宇宙船から見ると、火星をめがけて飛んでいるのではなく、火星が斜め前からだんだん近づいてくるように見える。

火星に着いても、何もしなければ船はそのまま通り過ぎてしまう。ロケットを逆噴射して減速し、重力に捉えられなくては「入港」できない。初期の火星・金星探査機には減速のための燃料を積む余裕がなかった。特急電車のように惑星を高速で通過するわずかな時

〈図4〉火星への航路

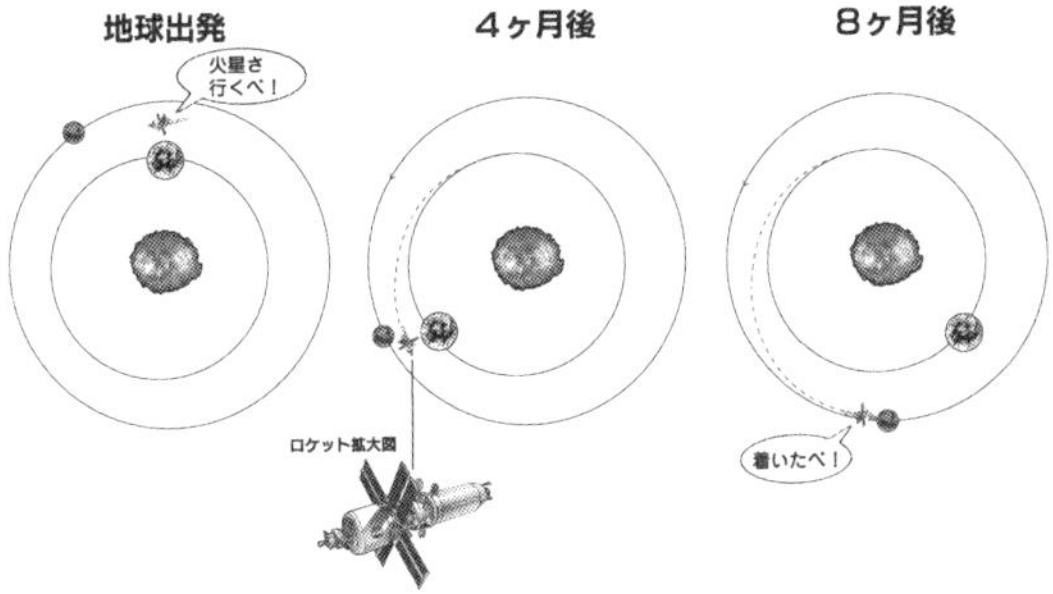

間に、写真を撮ったり科学観測したりしなくてはならなかった。このようなミッションを「フライバイ」という。

航海は簡単ではない。現在までに火星を目指した探査機は四十九ある。そのうち成功したのは二十七機だけだ。

惑星を目指した初めての船は、一九六〇年のローンチ・ウィンドウに打ち上げられた二機のソ連の火星探査機だったが、両者とも失敗した。ソ連はさらに一九六一年に初の金星探査機を、一九六二年には三機の火星探査機を打ち上げたが、やはり全て失敗した。史上初めて惑星への航海に成功したのは、一九六二年に打ち上げられたアメリカの金星探査機マリナー2号である[*1]。初めて火星フライバイに成功したのは、一九六四年のウィンドウで打ち上げられた、やはりアメリカのマリナー4号だった。

＊1　ちなみに、アメリカは月探査機よりも先に金星探査機を成功させた。

22枚のデジタル写真

マリナー2号には、現代では当たり前のあるものが積まれていなかった。カメラである。僕は旅行にカメラの電池を忘れて妻にキレられたことがあるが、そうでもなければ旅に出て写真を一枚も撮らずに帰ってくることなどありえない。金星旅行ならなおさらだろう。なぜ、マリナーはカメラを持って行かなかったのか?

理由のひとつは雲だ。金星は全体が分厚い雲に覆われていることが知られていたので、普通のカメラではどんなに近くから写真を撮っても地表を見ることはできない。

だが、火星には雲がない。正確にいえば、数年に一度グローバルな砂嵐があり、また稀に水の雲が浮かぶ場所もあるのだが、基本的には年中どこでも快晴だ。そこに何かいるのか、何がいるのか。この問いに答えたければ、カメラを持って行かない理由はない。

ひとつ、大きな問題があった。どうやって火星から写真を送るかだ。当時のカメラは全てアナログだった。若い読者の方は「アナログカメラ」と言われてもピンとこないかもしれない。撮影した後、フィルムをカメラから取り出し写真屋に預ける。翌日に再び写真屋に行くと、現像された写真を渡される。どうしてそんなに時間がかかるかというと、フィルムを現像液に浸したり、乾かしたり、といった作業が必要だからだ。

アナログ写真を宇宙から送るのは大変で、あの手この手の工夫が必要だった。昔のスパイ衛星は撮影したフィルムを再突入カプセルに入れて地球に落としていた。アポロ以前の月探査機は現像液を持って行って、探査機内でフィルムを現像し、スキャンしてアナログ信号で地球に送信していた。前章で書いたマーガレット・ハミルトンのいたMITインスツルメンテーション研究所は、一九五〇年代後半に無人火星探査機の構想を持っていた。火星まで行ってアナログカメラで写真を撮ったあと、地球に戻ってきてフィルムの入ったカプセルを地球に投下する、という計画だった。

なぜ現代において写真を送るのがこれほど簡単になったかといえば、デジタルカメラのおかげである。実は、最初に火星への航海に成功したマリナー4号に積まれていたカメラが、地球では世に出る前のデジタルカメラだった。デジカメは地球よりも先に火星で実用化されたのだ。[*2]

このデジカメはたった200×200ピクセルの、現代の携帯電話のカメラよりもはるかに劣るものだった。火星を通り過ぎる間に撮れる写真はたった22枚。5億ドルをかけ、5000万kmを旅して、たった写真22枚である。解像度は1ピクセルあたりkmの単位。それでも、それは当時のどんな望遠鏡より10倍優れた解像度だった。

もし川や湖があれば写るだろう。草地や森があれば写るだろう。もし仮に知的生物がい

＊2　実は1960年代にデジタルカメラのアイデアを最初に発案したのもJPLのユージン・ラリーというエンジニアだった。現在携帯電話のカメラで使われているCMOSセンサを初めて開発したのもJPLである。宇宙では電力を最大限節約する必要があり、それがCMOSセンサの開発に繋がった。後にCMOSが携帯電話に採用された理由も同じである。

れば……大運河を造るほどではないにしても、素朴な文明を持った住人がいれば、その町や、畑や、何かしらの生活の営みが見えるかもしれない。

そこに何かいるのか？

そこに何がいるのか？

人類が何百年も抱き続けたこの疑問に、22枚の写真は答えてくれるだろうと期待された。


一九六五年七月十五日。マリナー4号が火星をフライバイするその日、ＪＰＬのエンジニアたちの気持ちが落ち着くことはなかった。

カメラはちゃんと火星の方を向いているだろうか？　写真を記録するテープレコーダーはちゃんと作動するだろうか？　もし失敗しても、一度通り過ぎたら戻ることはできない。チャンスは一度だけ。失敗したら5億ドルの予算も５００万㎞の旅路も水の泡だ。

火星を通過してから八・五時間後、最初のデータが、不安げに空を仰ぐアンテナに届きだした。まず届いたのは写真以外の科学データだった。

数日後、写真が届きだした。通信速度は毎秒8ビット。現代の光通信インターネットの一億分の一のスピードである。6ビットから成る1ピクセルを受信するのに一秒弱かかる。つまり、たった２００×２００ピクセルの写真1枚で八時間だ。受信したデータは数字に

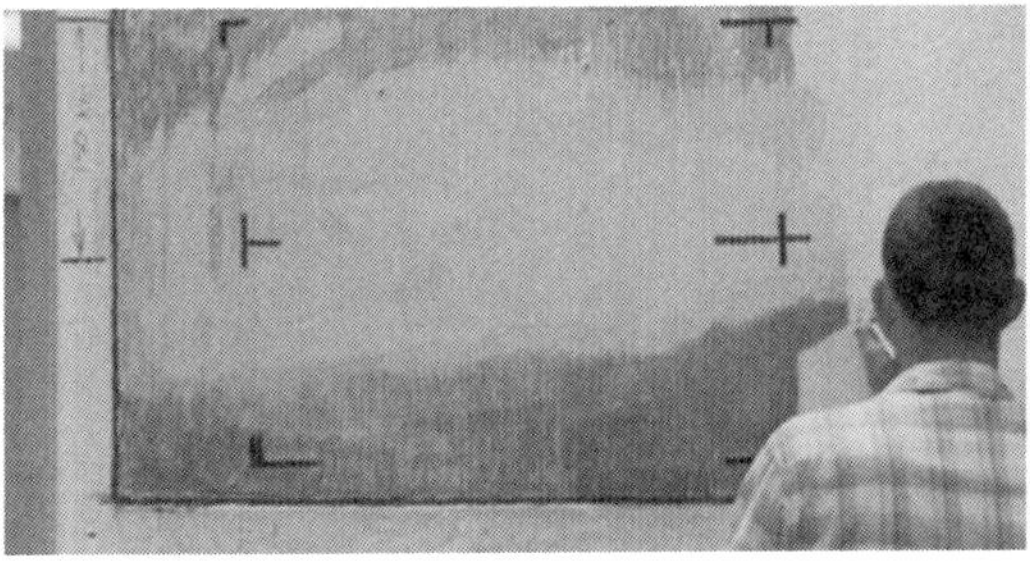
「ぬり絵」の製作風景　Credit: NASA/JPL-Caltech

変換され、テレタイプがカタカタカタと音を立てながら、1ピクセル、また1ピクセルずつ、紙に打ち出していった。最初のピクセルは63。黒を意味した。次のピクセルも63。次も63。彼らは不安になった。カメラは火星ではなく宇宙を向いていたのではないか？　22枚の写真全てが真っ黒なのではないか？

しばらくして、63ではないピクセルが現れた。その次もそうだった。

何かが写っている！

しかし何が写っているのか？　ノイズではあるまいか？だが、写真のデータを受信してもすぐに写真を見ることはできなかった。現代ならば画像ファイルを開けば瞬時に画面に表示されるが、一九六五年のコンピューターの処理速度では、データから画像を描画するのに何時間もかかったからだ。エンジニアはどうしても待ちきれなかった。

誰ともなく、送られてきた数字がタイプされた紙を切って並べて廊下の壁に貼り、パステルで色を塗りだした。63は黒。白黒写真なので40は濃いグレーだが、おそらく実際は濃い赤だろう。20はピンク。0は白。そんな具合だ。

廊下はアトリエとなった。デジタルのキャンバスのまわりに大勢の人が集まりだした。JPL所長の姿もあった。

色が塗られていくにつれ、ある形が現れた。黒い宇宙を背景にした、丸みを帯びた世界の縁だった。

火星だ！　火星が写っているぞ!!

孤独の発見

僕は美術館で絵を見るとき、守衛に怒られる寸前まで目を絵に近づけて筆のストロークを見るのが好きだ。時として、絵の全体よりも一筆、一筆をなすった絵の具の動きの方が、ピカソの孤独を、ゴッホの苦悩を、ゴーギャンの理想を、モネの美意識を、雄弁に語るからだ。

職場の廊下に飾られたこの人類初の火星からの「ぬり絵」を眺めるときも、僕は目を極限まで近づけて見るのが好きだ。怪しまれるだろうが、美術館と違って神経質な守衛はいない。

目を近づけていくと、タイプされた無機質な数字の列の上に、乱雑で大ぶりなパステルのストロークが見えてくる。そこから五十年前のエンジニアたちの破裂するほどの興奮が、時を超えて生き生きと伝わってくるのである。

僕もその興奮を知っている。火星ローバーのオペレーションのシフトに入る日に、火星から送られてきたばかりの画像を世界ではじめて見る時に感じる、あの興奮である。現代の火星オービターは25㎝という超高解像度の写真を送ってくる。解像度は1万倍も違う。だが、胸を躍らす興奮は同じに違いない。

そしてそれは、写真を見たエンジニアだけの興奮ではない。

そこに何かいるのか？

そこに何がいるのか？

その問いの答えを追い続けた人類の、数百年積もりに積もった好奇心が解き放たれる瞬間の、破裂するような興奮なのだ。

では、そこに何かいたのか？　何が写っていたのか？

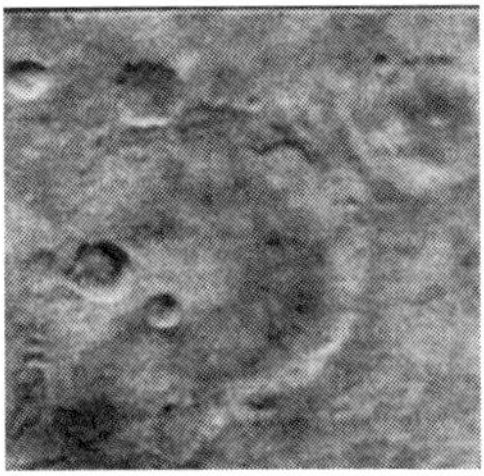

マリナー4号が撮った22枚の写真の中でもっとも解像度の高い写真
Credit: NASA/JPL-Caltech

何もいなかった。

町や畑はおろか、川も、湖も、森も、草原もなかった。22枚の写真に写っていたのはどれも、月と同じようにクレーターだらけの地表だった。

クレーターとは世界の死痕である。地球にクレーターがほとんどないのは、幸運にも隕石が当たらなかったからではない。数十万のクレーターがある月にも、たった190しかない地球にも、同じ頻度で隕石が降り注ぎ、衝突のたびにクレーターが抉られる。違いは世界の生き死にだ。生きている人の肌は傷ついても治るが、死者の傷は癒えない。同じように、地球では雨風による侵食、火山活動やプレートテクトニクスなどがクレーターを常に消しているが、地質学的に「死んで」いる世界では数十億年分の傷がそのまま残る。世界初のデジタル写真が捉えたのは、火星の死に顔だったのだ。

火星の死はカメラ以外の科学機器によっても確かめられた。表面気圧は0.004から0.007気圧だった。これほどの低い気圧では液体の水は存在できない。瞬時に沸騰するか、凍りつくかだ。さらに、火星にはほとんど磁場がなかった。地球は磁場のおかげで太陽や宇宙からの放射線から守られているが、この世界には無防備に放射線が降り注いでいた。

金星に生命が存在する可能性も、これより前に潰えていた。一九五六年、電波望遠鏡*3で金星を観測したところ、表面温度が300℃以上もあるようだという報告がなされた。こ

*3　電波は雲を透過する。だから、厚い雲に覆われた金星と土星の衛星タイタンの地表の観測にはもっぱら電波が使われる。地球においても、同じ理由でスパイ衛星にはレーダーを用いるものがある。

ソ連の金星着陸機ベネラ 13 号が捉えた金星の地表の姿
Credit: NASA

れを確かめたのが、一九六三年に金星をフライバイしたマリナー2号だった。実際の表面平均温度は460℃。もし酸素があれば木が自然発火する温度である。そして空に浮かんでいたのは硫酸の雲だった。

金星への最終的な死亡宣告は、着陸に成功したソ連の探査機によって告げられた。あまりの高温のため、探査機は着陸後長くても約二時間しかもたなかった。わずかな時間に撮られた写真に写っていたのは、かつての人々の想像とはかけ離れた寂寥たる風景だった。これ以降、「金星人」はSFの中にすら居場所を失った。

月、金星、火星はどれも死の世界だった。これが一九六〇年代の太陽系探査の結論だ。月はまだしも、地球と似ていると思われていた金星・火星までもが、である。ましてやそれより遠い世界に何を期待できよう？　きっと太陽系のどの世界もクレーターだらけの死に顔をしているのであろう。野に咲く花も、春に鳴く鳥も、森に遊ぶ虫も、地を這う獣も、谷を割る川も、火を噴く山も、一切の動くものをそこに想像することは難しかった。そんな空っぽの宇宙に、「何かいるのか？　何がいるのか？」という問いは虚ろに響いた。

地球は再び宇宙での特別な存在に戻った。だが、新たな宇宙観は天動説のそれとは異なっていた。地球は全宇宙の星々を従える皇帝ではなく、累々たる屍の山にただ一人取り残された兵士だった。惑星探査の先駆者・マリナー2号と4号が発見したのは、地球の絶望的な孤独だったのである。

ボイジャー～惑星の並びに導かれた運命の旅人

結果的に言うと、人類は早とちりだった。最初の二通のメールの返事が素っ気なかっただけで、彼女は自分に興味がないと思い込むようなものだった。結局のところ、人類は広大な宇宙について、まだほとんど何も知らなかったのだ。

現在の人類はもっと希望的である。未だ地球外生命は見つかっていない。だが、いるかもしれない場所はいくつか見つかった。そして太陽系はクレーターに荒らされた死世界ばかりの単調な場所ではなかった。全ての世界にはユニークな顔があり、そして驚くことに、その少なからざる世界が地質学的に「生きて」いた。瀕死でなんとか命を繋ぎ止めている世界もあれば、地球よりも苛烈に生きている世界もあった。

この希望の揺り戻しは、何十もの宇宙探査機が約五十年にわたり様々な世界を訪れ、少しずつ積み上げた観測の成果だった。その全てを本書に書くことはとてもできない。だが、もっとも偉大な影響を与えた探査機は何かと問えば、おそらく多くの関係者はこの双子の姉妹の名を挙げるだろう。

ボイジャー1号と、2号である。

ボイジャーの始まりは、一人の大学院生がある「運命」に気づいたことだった。

時は一九六五年。ちょうどJPLがマリナー4号の火星初フライバイの準備に慌ただしかった頃、近所にあるカリフォルニア工科大学のゲイリー・フランドロという大学院生が面白いことに気づいた。一九八三年に木星、土星、天王星、海王星の四つの惑星が、さそり座から射手座にかけてのおよそ五十度の範囲に並ぶこと。そして一九七六年から七八年の間に探査機を打ち上げれば、この未踏の四惑星全てを順に訪れることができることだ。

鍵は「スイングバイ」という航法にあった。スイングバイとは、惑星の重力を使って宇宙船の針路や速度を変える技術である。たとえば次ページの図5のように土星のうしろ側をかすめるように飛べば、軌道は前の方向に曲げられ、宇宙船は大幅に加速される。代わりに土星はほんのわずかだけ遅くなる。*4 つまり、宇宙船は土星からわずかだけ運動エネルギーを奪って加速するのである。

スイングバイを繰り返して、木星、土星、天王星、海王星を順に旅する。フランドロが

*4　とはいえ、土星が落ちてくることを心配する必要はない。たとえば、ボイジャーは木星スイングバイで秒速16km（時速57万km）加速し、逆に木星は秒速0.000000000000000000001kmだけ減速した。太陽系が終わる100億年後まで待っても3mmしか変わらない速度変化だ。ボイジャーに比べ木星が途方もなく重いからである。

〈図5〉

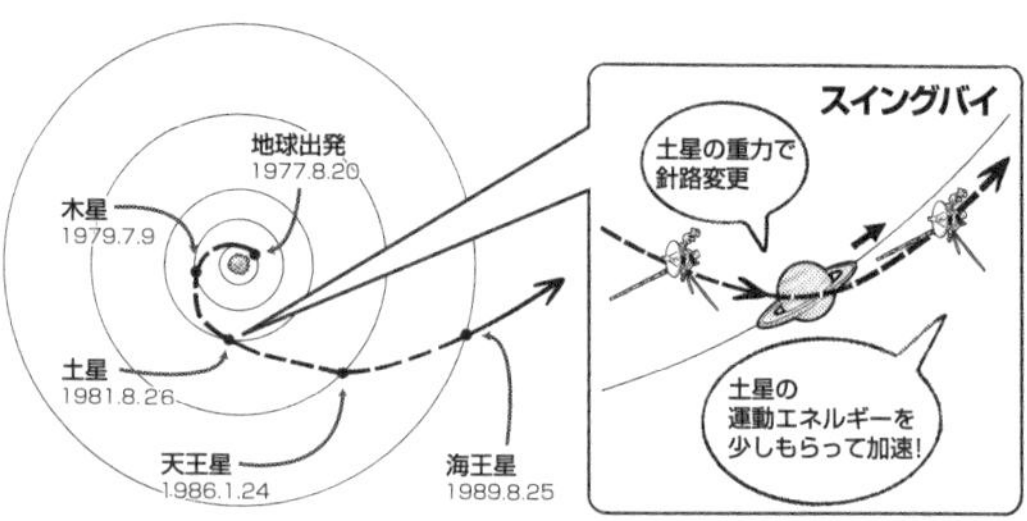

ボイジャー２号の旅路と、スイングバイの仕組み

思いついたこの旅は「グランド・ツアー」と呼ばれた。一石四鳥であるだけではなく、直接行けば三十年かかる海王星まで「たったの」十二年で行ける。そして四惑星の全てが未踏の世界、謎の塊だった。

もう一つ、フランドロは興味深いことに気づいた。グランド・ツアーは四惑星がおおよそ同じ方向に並んでいるタイミングでしかできないのだが、そのチャンスはなんと百七十五年に一度だったのだ！　前回のチャンスは一八〇〇年頃。もちろん探査機を打ち上げる技術などなかった。次のチャンスは二十二世紀である。なんたる偶然だろう。ちょうど人類が宇宙へ飛び立ちはじめ、惑星探査機を作れる技術レベルに達したこのタイミングで、百七十五年に一度のチャンスが巡ってきたとは。「運命」だろうか？　僕は星占いを端から信じていない。たとえば、僕が生まれた日に金星が乙女座にあったから理想の女性は「清楚な乙女」らしい。馬鹿馬鹿しい話である。妻はスイッチが入りっぱなしのラジオのようによく喋る人で、僕もその方がよほど楽しい。彼女と僕は星に導かれたのではない。マシンガントークで意気投合しただけだ。

だが、そんな僕でもボイジャーのグランド・ツアーには運命的なものを感じずにはいられない。木星、土星、天王星、海王星が狙ったかのようなタイミングで同じ方向に並んだことは、もちろん科学的には偶然以上の意味はないが、まるで惑星が人類を招いているようだと僕は感じてしまう。もしかしたら、宇宙は人類に知られることを欲していたのかもしれない。惑星は孤独の宇宙に何十億年も漂いながら、来訪者を待ち焦がれていたのかもしれない。古の人が夜空の星に感じた「運命」とは、もしかしたらそういうことなのかもしれない。

パサデナの海賊

往々にして歴史を変えるアイデアとは、世になかなか受け入れられないものである。フランドロが思いついたグランド・ツアーも、最初はほとんど注目されないばかりか、多くの人から机上の空論として扱われた。あまりにも困難だと思われたからだ。世界初の金星・火星探査機を成功させたＪＰＬ内でさえ、「そんなの無理だろ」が一般的な反応だった。フランドロは卒業後、別の道を歩んだ。

無理もない。一九六五年といえば、アームストロングが月に「小さな一歩」を踏み出す四年も前だ。まずスイングバイ航法の現実性が疑われた。十二年もの長期間動作する宇宙探査機を作ることも非現実的と思われた。火星への旅ですら、たった八ヶ月だったのだ。

不可能を可能にしたのは、前章で描いたアポロの技術者と同じように、頑固で常識を信じない先駆者たちの、粘り強い研究の成果だった。ドラマでよくあるような、誰かの感動的な一言で反対していた人の心が急に動く、などということは現実には有り得ない。常識という名の巨大な岩に突然羽が生えて飛び去ることはない。長い時間かけて忍耐強く押し続け、ゆっくり、ゆっくり動かすしかないのである。

フランドロのアイデアを引き継いだＪＰＬの数名の研究者が、金星スイングバイを使って水星へ行く方法を研究した。必要なナビゲーションの精度や燃料の量、搭載すべきセンサーなどを詳細に検討し、その結果をもとにスイングバイが実現可能であることを証明した。理論的成果と並行し、ＪＰＬは金星・火星探査において成功を一つずつ積み重ね、実践的にも自信を深めた。アポロの宇宙飛行士が月を歩いた頃、ＪＰＬではグランド・ツアーは夢物語ではなく現実的な可能性として語られるようになっていた。

NASA本部も最初は乗り気だった。無人探査に興味のなかったフォン・ブラウンさえも熱心に支持したらしい。だが、NASA本部はグランド・ツアーの値札を見て態度を変えた。当時のNASAの最優先事項はスペースシャトル計画だった。その上、ニクソン大統領はNASAの予算を大幅にカットした。海王星に使う金は残されていなかった。

それでも、みすみす百七十五年に一度のチャンスを逃すのは惜しすぎる。JPLがNASA本部やワシントンの政治家と粘り強く交渉を重ね、なんとか勝ち取ったのは、「マリナー・ジュピター・サターン（MJS）」という、木星、土星、そして土星の衛星タイタンだけに目的を絞ったミッションだった。予算の膨張を防ぐため、土星以遠に行くための機器を搭載することは禁止された。

だが、どれだけワシントンが禁止しても、グランド・ツアーへのイマジネーションに取り憑かれた技術者たちの心を抑えることはできなかった。あくまでワシントンに対しては木星・土星ミッションを装いつつ、パサデナのJPLの技術者たちは海王星までの十二年の旅の準備を、こっそりとMJSに忍ばせたのだった。たとえば、太陽の位置を検出するサンセンサーは太陽から百天文単位を超える距離でも作動するように設計された。1天文単位とは太陽から地球までの距離だ。百天文単位は太陽から海王星までの距離の3倍である。打ち上げ時期もグランド・ツアーに最適な一九七七年が選ばれた。そしてMJSには

「ボイジャー」という新しい名が与えられた。英語で「旅人」の意味である。この名にJPL技術者の密かな想いが込められていたことは、想像に難くない。

かくして、ボイジャー姉妹は生まれた。彼女たちの容姿には、それまでのゴテゴテとした探査機とは異なる優美さがあった。本体には百天文単位の彼方から地球と交信するための白く大きなパラボラアンテナが載り、数本の細く長い腕の先には800×800ピクセルのデジタルカメラや様々な観測機器が取り付けられた。コンピューターには当時最先端の自律的な故障回復機能がプログラムされており、旅の記録を書き留めるために8トラックのテープレコーダーが搭載された。

一九七七年八月二十日、妹のボイジャー2号が先に地球を旅立ち、その十六日後に姉が後を追った。後に打ち上げられた方が1号なのは、途中で2号を追い越すからである。

実は、ワシントンが知らないことがもう一つあった。2号の軌道に、技術者がこっそりとある「仕掛け」を忍ばせていたことだった。

新たなる希望

ボイジャーが地球で旅の準備をしていた頃、別の探査機が火星の真の姿に迫っていた。火星の理解の進展は、探査機の技術の進歩の直接的結果である。初の火星探査機マリナ

〈図6〉宇宙探査機の種類

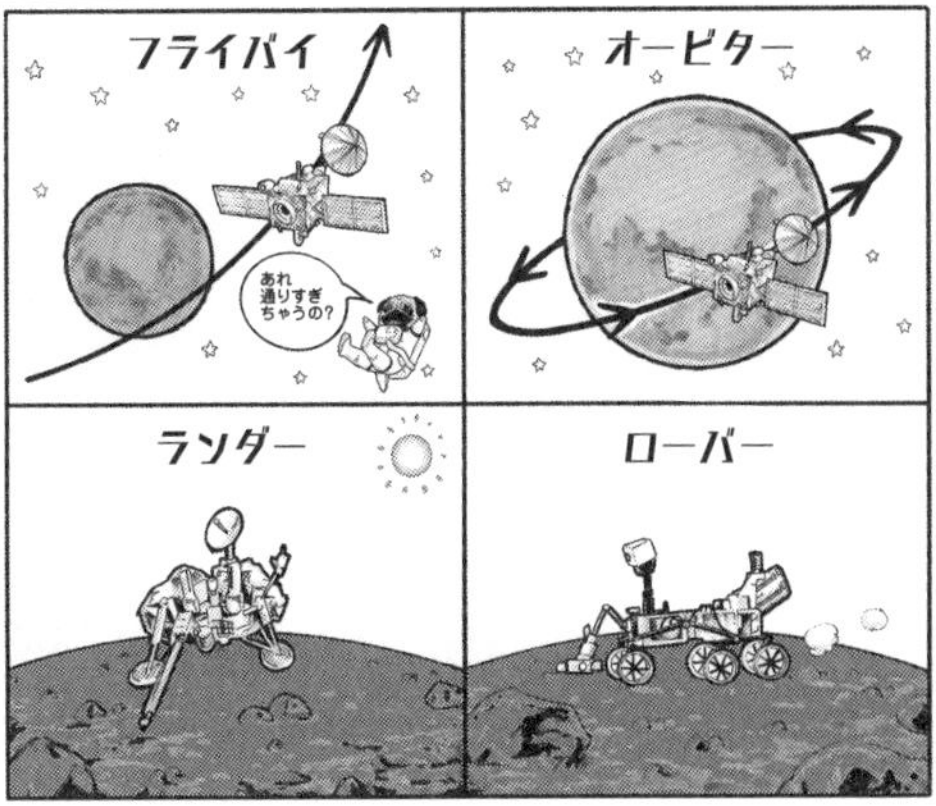

ー4号はフライバイだった。特急列車のように火星を通過する瞬間に22枚の写真を撮るだけのミッションである。

一九七一年に火星に到着したマリナー9号は、エンジンを逆噴射して火星の重力に捉えられ、図6右上のように史上初の火星の人工衛星となった。その後、一年弱にわたって火星を周回しながら全体をくまなく撮影し、7329枚もの写真を送ってきた。このように、対象となる世界の人工衛星となるタイプの探査機をオービターという。オービターはフライバイよりはるかに多くのデータを集めることができる。

さらに一九七六年、バイキング1号・2号が火星への史上初の着陸に成功した。着陸機のことをランダーと呼ぶ。上空から広範囲をカバーするオービターに対し、ランダーは着陸した一点を深く観測できる。

そして現代では六輪のローバーが火星の赤い大地を走っている。ローバーはランダーの観測を点から線へと拡張することができる。

ちなみに二〇二一年には史上初めて火星の空をドローンが飛んだ。「インジェニュイティ」という名の、重さ3kgの小型ヘリコプターだ。これについては4章で詳しく書く。

では、これまでの探査で火星観は具体的にどう変わったのか。マリナー4号の22枚の写真によって与えられた「火星は死の世界」という認識は大局的には間違っていなかったが、二つの見落としがあった。一つは、現在の姿が過去の姿と同じとは限らないこと。いまひとつは、全ての場所が一様とは限らないことだ。

では、過去の火星には何があったのか？

水だ。およそ四十億年前、火星は液体の水があった。マリナー9号の写真には、蛇行する溝や三角州など、明らかに水が流れた結果作られた地形が写っていた。海があった可能性もある。さらに一九九七年にマーズ・グローバル・サーベイヤーが火星全体の標高マップを作った結果、北半球が一様に南半球より1〜3㎞ほども低いことがわかった。過去の火星の北半球は海、南半球は大陸だったのかもしれない。その頃の火星は、赤い惑星ではなく青い惑星だったかもしれない。

決定打は、二〇〇四年に火星に着陸した二台のローバー、スピリットとオポチュニティだった。水の中でしか生成しないミネラルや、流水作用で角が取れ丸くなった石を見つけた。過去の火星の表面に液体の水が存在したことは、もはや否定しようがなかった。それは即ち、濃い大気と温暖な気候があったことも意味した。地球は太陽系唯一のオアシスと思われていた。四十億年前には、オアシスは二つあったのである。

興味深いのは四十億年前という年代である。ちょうど地球に最初の命が生まれた頃だ。同じ太陽系の隣同士の世界によく似た環境があり、その一方に命が生まれた。ならば誰しもがこう思うだろう。

「そこにも何かいたのか？」

そして、現在の火星も単なる砂漠惑星ではなかった。赤道付近には標高2万5,000m、エベレストの2.5倍もある太陽系最高峰のオリンポス火山がそびえていた。その山頂はほぼ宇宙空間にあり、空は昼でも暗く星が輝いている。その東には火山台地タルシスが広がっていた。標高3,000mから8,000m、南極大陸ほどの広さのある巨大な高原だ。そしてタルシスの東端に深い切り傷のように走っていたのがマリナー峡谷。[*5] 長さ4,000km、深さ7,000mにも達する、太陽系最大級の峡谷だった。平均深度1,200mのグランドキャニオンは、マリナー渓谷と比べると子供のようである。

＊5　マリナー峡谷の名は、「発見者」であるマリナー探査機から付けられた。

マリナー渓谷には時々霧が立つことが知られている。地面に霜が降りることもある。火星ローバーは空に雲が浮かぶ様子を撮影している。わずかだが雪も降る。極地方では地表を数㎝掘ると氷の層があることもわかった。火星の地下には大量の水が氷として眠っていることが、現在ではわかっている。さらに興味深いことに、エリシウム平原ではたった二十万年前に溶岩が流れて作られたと考えられる地形も見つかった。人間にとっては二十万年前とは気の遠くなるほど昔に思えるが、14ページの「新創世記」の時間スケールでは日曜日の23時59分51秒である。火星にとっては一瞬の時間だ。おそらく、現在も火星の火山活動は完全には停止していないと考えられている。

火星のマリナー渓谷に立ち込めた霧
Credit: NASA/JPL-Caltech

火星は完全に死んではいなかった。息絶え絶えではあるが、地質学的な意味での「命」を繋ぎ止めていたのである。

しかし、なぜ四十億年前は地球と火星は双子のような世界だったのに、火星だけが瀕死状態になってしまったのか？　太陽から遠すぎたからか？　不運な事故に見舞われたのか？　あるいは、惑星に感染する病のようなものがあるのだろうか？

火星表面から水が失われたのは、大気が失われて気温と気圧が下がったためである。では、なぜ大気が失われたのか？　それは謎のままだ。ひとつの仮説は、単に火星が小さかったから、というものである。火星の直径は地球の約半分、質量は11％しかない。重力が小さいと大気を引き留める力も弱くなる。また、小さいと早く冷える。小さなシュウマイは大きな肉まんより早く冷めるのと同じだ。冷めると内部のコアの対流が止まる。すると「ダイナモ」という磁場を生み出すプロセスが止まる。磁場のバリアが消えたことで、太陽風が大気を剥ぎ取っていったというのがいまひとつの仮説である。

では、なぜ火星は小さいのか？　これがまた謎である。「火星問題」と呼ばれるのだが、太陽系形成をシミュレーションすると、火星近辺には地球サイズの惑星ができてしかるべきなのだ。

いずれにせよ、火星表面から水が失われたのは必然というより、運命のカラクリといえよう。もし別のカラクリが回っていたら、死んでいたのは地球だったかもしれない。また、もし違うカラクリが回っていたら、まだ火星に川が流れ海に注いでいたのかもしれない。仮に四十億年前の火星に生命が生まれていたなら、高等生物や知的生物に進化していただろうか？　人類は彼らと共存できただろうか？　あるいは、H．G．ウェルズの『宇宙戦争』のように、一方が他方を侵略するなどということがあったのだろうか？

木星の恋人

バイキングが火星探査に勤しんでいる頃、ボイジャー姉妹は火星軌道を素通りし、一九七九年に木星をフライバイした。その表面には美しく渦巻く縞模様があり、まるでゴッホの「星月夜」のようだった（巻頭カラーⅲページの写真）。だが、最大の発見は、木星の本体ではなくその衛星からもたらされた。二つの「生きた」世界が見つかったのである。

木星は現在知られているだけで九十五の衛星[*6]がある。衛星の名の由来にはちょっとしたトリビアがある。木星は英語でジュピターと呼ばれるが、これはローマ神話の主神ユピテルから取られた名前だ。ユピテルはプレイボーイで何十人もの妻や恋人がいた。だからその衛星のほとんどには、ユピテルが愛した女神の名が与えられている。

数ある木星の衛星の中で飛び抜けて大きいものが四つある。内側から順に、イオ、エウロパ、ガニメデ、カリストである。この四人の木星の恋人の姿を間近に捉えることが、ボイジャー姉妹に与えられた使命のひとつであった。

三月五日。木星に最接近した三時間後、ボイジャー1号はイオからわずか2万2，000㎞の位置を通過した。科学者たちはその異様な姿に驚いた。思春期の若者のニキビだらけの顔のように、黄ばんだ地表のあちらこちらに黒い斑点が散らばっていたのだ。

---

*6　2018年の本書旧版出版時は69個だった。6年で26個もの衛星が新たに見つかったということだ。ちなみにその全てはアメリカのカーネギー研究所の天文学者スコット・シェパードのグループによる発見である。

さらに不可解だったのは、クレーターが全く見当たらなかったことだ。先述の通り、それは何かがクレーターを絶え間なく消していることを意味した。一体、何が？

その答えは偶然もたらされた。リンダ・モラビートという当時二十六歳の若きＪＰＬ技術者が、ボイジャーの正確な位置を割り出すために、イオの写真の濃淡を様々に調整しながらつぶさに見ていた。するとある奇妙なものが浮かび上がった。

「何これ？　このコブは何？」

イオの縁から、傘のような円弧状の何かが出ていた。カメラのノイズではない。別の衛星が写り込んでいるわけでもなさそうだ。そして、傘が写っていた場所は黒い「ニキビ」と一致した。様々な仮説が慎重に検討されては排除され、最後にただひとつの仮説だけが残された。あまりにも常識外れな仮説だったが、この現象を説明できる仮説はこれ以外になかった。

「火山だ。」

それは史上初めて、地球以外の世界で発見された活火山だった。しかもひとつではない。九つも。中でも、ペレと名付けられた火山はなん

木星の衛星イオの火山から吹き上げる噴煙　Credit: NASA/JPL-Caltech/University of Arizona

とエベレストの30倍もの高さにまで噴煙をあげていた。(ペレとはハワイ神話の火山の女神である。アマテラス、スサノオという名の火山もある)。

その後の調査で、イオには数百もの活火山があることがわかった。地球の月とほぼ同じサイズのこの小さな世界は、数百の火口が休むことなく嘔吐し続ける溶岩で覆い尽くされていた。

イオは地質学的に生きた世界だった。地球よりもはるかに苛烈に生きていた。


さらなる驚きは、イオのひとつ外側の軌道を周回するエウロパからもたらされた。エウロパの表面が水の氷で覆われていることは、ボイジャーが訪れる以前から知られていた。これは特別なことでは全くない。表面を氷に覆われた衛星は「氷衛星」と呼ばれるが、四つのガリレオ衛星のうちイオ以外の三つは氷衛星だ。土星の衛星タイタン、エンケラドス、ミマス、天王星の衛星ミランダ、海王星の衛星トリトンなど、木星以遠の衛星の多くは氷衛星である。さらには、天王星・海王星も内部に水の氷を多く含む「氷惑星」だと考えられている。水は宇宙で非常にありふれた物質なのだ。

だが、ボイジャー2号が撮影したエウロパの写真は即座に、この世界が単なる氷惑星ではないことを示していた。まず、イオほどではないにしても、クレーターが非常に少なかった。そして驚くほど平らだった。局所的には起伏もあるが、全体的にはエウロパは太陽系でもっとも平らな世界である。表面の模様も不可解だった。直線的な亀裂が縦横無尽に走っており、ある場所では赤茶けた物質が表面に染み出していた。科学者はまたしても、この謎めいた観測結果をうまく説明する仮説を探さねばならなかった。散らばったジグソーパズルを、1ピースも余すことなく組み合わせ一枚の絵にするような仮説を……。

鍵はやはり、地球上の現象から類推することで得られた。科学者がエウロパを見て連想したのは、地球の北極・南極海に浮かぶ氷だった。平らな表面、直線状の割れ目、絶え間なく更新される表面……そう、エウロパの表面全てが海に浮かぶ氷だとすれば、パズルのピースは全てぴったりと合うように思われた。

すると、氷の下に海があるのか……？　衛星全体にわたる広大な地下の海が……？　SFですら想像し得なかった大胆な仮説だった。一九九五年に木星軌道に投入されたオービター、ガリレオによる観測で、この仮説はほぼ裏付けられた。厚さ数十㎞の氷の下に隠されたこの海は、地球の海の数倍の水を湛える太陽系最大の海であると考えられている。宇宙砂漠に浮かぶオアシスは、地球だけではなかったのだ。

誰もが次に考えることは一つだろう。

「そこに何かいるのか？」

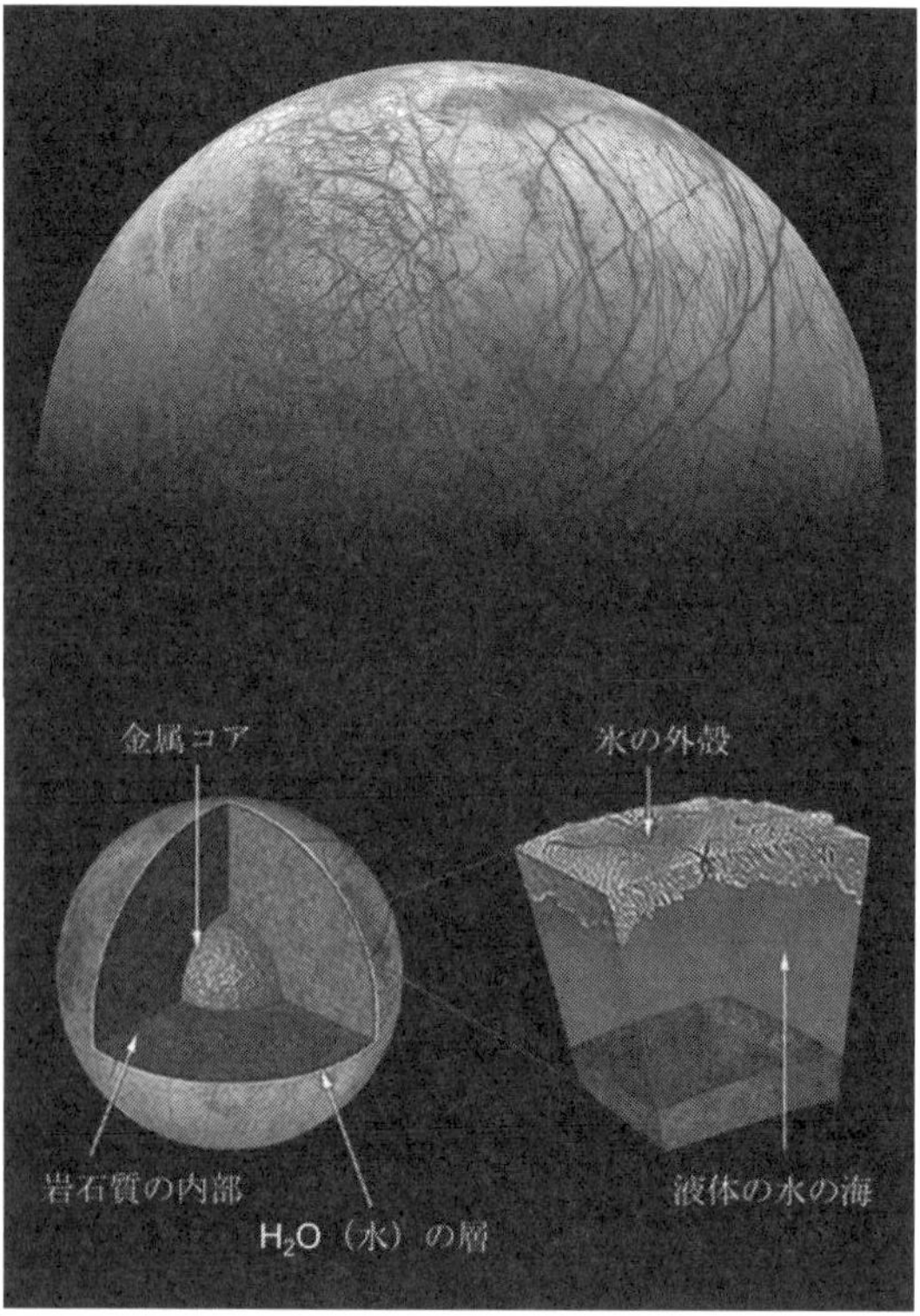

上：木星の衛星エウロパ　Credit: NASA/JPL-Caltech/SETIInstitute
下：エウロパの地下にある海の想像図　Credit: NASA/JPL-Caltech

ボイジャーはこの問いを謎として残したまま木星系を後にし、土星へと向かった。

土星の月の冷たい雨

その後の探査により、氷惑星に地下の海が存在することは珍しくないことがわかってきた。木星最大の衛星ガニメデ（太陽系最大の衛星でもあり、惑星の水星より大きい）、土星の衛星タイタンとエンケラドスにも地下の海があると考えられている。さらに、木星の衛星カリストと海王星の衛星トリトンにも地下の海がある可能性がある。海があるということは氷を溶かす熱源があるということだ。熱源があるということは、生命存在の必要条件であるエネルギーがあるということである。

とりわけ面白いのが、土星の衛星タイタンとエンケラドスだ。

タイタンは、地下の海だけではなく、地表に湖がある。水の湖ではなく、メタンの湖だ。この世界は常に分厚い雲に覆われており、その雲からメタンの雨が大地に降り注いでいる。降った雨は束となって川をなし、山を流れ下って湖に注いでいる。しかし分厚い雲に阻まれ、ボイジャーのカメラでは川や湖の様子を捉えることができなかった。

この発見にボイジャー姉妹が果たした役割は、エウロパの時と同じように、仮説を立てたことだった。メタンの湖や雨を仮説から科学的事実にしたのは、二〇〇四年に土星軌道に投入されたオービター、カッシーニだ。カッシーニには雲を透過できるレーダーが積まれていた。さらに、カッシーニには「乗客」がいた。ヨーロッパ宇宙機関のタイタン着陸機、ホイヘンスだ。二〇〇四年、ホイヘンスはタイタンの大気に突入し、ゆっくりとパラシュートで降下しながら観測を行なった。川や湖岸と考えられる地形が写っていた。ホイヘンスが着陸したのは湖岸近くの沼地のような場所だと考えられている。次ページの写真が、人類が手にしたタイタン地表の唯一の写真である。

この大地の土は有機物から成る。その下にはエウロパのように氷の殻があり、その下に水の海がある。つまり、この海には、上からは生物の体を成す有機物が、下からは生命活動に必要なエネルギーが供給されている可能性がある。

二十一世紀の太陽系における最大の発見の一つが、エンケラドスの「潮吹き」である。エンケラドスは直径約500㎞の、土星の小さな氷衛星だ。ボイジャーはいくつかの謎めいた発見をした。一つは、赤道以南にほとんどクレーターがないこと。すなわちこの世界が「生きて」いる証拠であるが、こんな小さな世界に地殻活動があるとは考えられなかった。もう一つは、土星にEリングという淡い輪があるのだが、その輪の最も密度が濃い部分が、エンケラドスの軌道と一致することだった。この世界には何かがある。ボイジャ

左：降下中のホイヘンスが捉えたタイタンの湖岸と思われる地形
右：タイタンの地表から届けられた唯一の写真
Credit: ESA, NASA, JPL, University of Arizona

ー姉妹はいまひとつ土星系に謎の置き土産をして飛び去った。

謎を解いたのはカッシーニだった。カッシーニが撮影したエンケラドスの南極付近の写真に、何かが空高くへ噴き上げている様子が写っていたのである！

それは巨大な水蒸気のジェットだった（巻頭カラーⅳページの写真）。エウロパと同じように、エンケラドスにも分厚い氷の下に広大な地底の海があり、氷の割れ目から塩水が噴き出していたのだ。その噴水は高さ500㎞にも及び、一部は脱出速度を超えて宇宙に飛び出し土星の輪の一本となっていた。それが、Eリングの正体だった。そしてこの世界の海にも、命が存在する可能性がある。なんとかして、ロボット探査機をエウロパやエンケラドスの地底の海に送り込んで、生命探査をする方法はないものだろうか？　それについては、第4章で詳しく説明する。

技術者の小さな勝利

一九八〇年十一月、ボイジャー1号は土星とその衛星タイタンの探査を成功裏に終え、2号の土星スイングバイまではまだ九ヶ月の余裕があった。ここに至って技術者たちは、2号の軌道に忍ばせた「仕掛け」を明かした。

惑星と衛星の並びの関係で、タイタンを訪れたら天王星・海王星に行くことはできない。[*7] 二者択一だ。1号はタイタン行きの軌道だった。一方、2号の軌道は、1号が土星・タイタン探査を終えた後に、タイタンに向かうか天王星・海王星へ向かうかを選べるように設計されていたのである。土星に接近する角度と距離を微調整することで、スイングバイ後の目的地を変更できた。それが「仕掛け」だった。

もし姉の1号がタイタン探査に失敗したら、妹の2号もタイタンに向かう予定だった。だが姉はタイタン探査の任務を十二分に果たし、ボイジャー計画本来の目的は全て達成されていた。

ここに至って、技術者たちは2号の目的地が天王星・海王星へ変更可能であることを明かした。1号が挙げた圧倒的な成果を見た後では、もはや誰もケチを付けなかった。ワシ

*7　土星の自転軸は25度も傾いており、タイタンの公転面もほぼ同じだけ傾いている。よって土星の春分・秋分に合わせない限り、タイタンに接近すると土星スイングバイ後に黄道面から大きく外れる軌道になってしまい、天王星・海王星を訪れることは不可能になる。

ントンの官僚ですら天王星や海王星を見たかったに違いない。グランド・ツアーへの道は遂に拓けた。いや、姉が妹のために道を拓いたのである。

「仕掛け人」の一人がミッション・デザインを担当したJPL技術者ロジャー・バークだった。彼は言った。

「これは技術者の官僚主義に対する小さな勝利だったと思うよ、全人類への恒久的な利益のためのね。」

一九八一年八月、土星はその巨大な重力でボイジャー2号の軌道をねじ曲げ、次の目的地へと送り出した。まだ誰も間近に見たことのない、天王星と海王星へ。

不知為不知、是知也

マリナー、ボイジャー、カッシーニなどの探査機が幾度も人類の宇宙観を塗り替えてきた過程を振り返るにつけ、あることを実感せざるを得ない。

人類はまだ、いかにわずかしか知らないか、である。

科学者が信じる数々の仮説も、SF小説家が想像する宇宙像も、学生が使う教科書も、これから何度も塗り替えられていくことだろう。二十一世紀の我々が金星人を描いたSFを古臭く感じるように、未来の人類は二十一世紀人類の宇宙観をナイーブだったと振り返るだろう。その未来人すらも、さらに未来の人から見れば、何も知らない赤子に思えるだろう。宇宙は果てしなく広い。それに比べて人類は限りなく小さい。たしかに人類は太陽系の八つの惑星全てに探査機を送り込んだ。しかし、銀河系にある惑星の数は約一千億と言われている。人類はまだ、その一千億分の八しか知らないのだ。

無知の自覚は自らを貶することではない。むしろその逆だ。「知らざるを知らずと為す是知るなり」と論語にある。無知の自覚は無知の克服の出発点である。

ガリレオは古来のキリスト教的宇宙観を否定する地動説を唱えたため裁判にかけられた。それに対し、アインシュタインは古典物理学を否定する光量子仮説を唱えたためノーベル賞が与えられた。これは単に時代の違いではない。ガリレオの宗教裁判の如き進歩の拒絶は現代でも多くみられる。違いは、知識への態度である。既存の知識への信仰と、既存の知識の不完全性の自覚との違いである。自分はまだ何も知らない。自分は間違っているかもしれない。この謙虚な自覚こそが科学の本質だ。そしてそれこそが進歩の原動力だ。

だが、無知の自覚は簡単ではない。深海の全てを知ったシーラカンスが世界の全てを知っていると思い込んでも、何の不思議があろう。そんなシーラカンスのような人が、皆さんのまわりにもいないだろうか？　もっとも、おおよそ人は多かれ少なかれ、実際に知る以上に自分は知っていると思い込むものである。理由は単純だ。何を知らないかを前もって知ることはできないからだ。たとえば、近代まで人類は天王星と海王星を知らなかった。ソクラテスは自分が天王星と海王星を知らないことを知ることができただろうか？　ベートーベンは自分がロックンロールを知らないことを知ることができただろうか？

知らないことを知る。この自己矛盾的な認識を可能にする不思議な能力が、人には備わっている。

イマジネーションだ。

たとえ天王星や海王星の存在を知らなくても「宇宙にはまだ未知の世界があるかもしれない」と想像することができる。たとえエレキギターを知らなくても「まだ誰も聞いたことのない音があるかもしれない」と想像することができる。たとえ地球外生命に出会ったことがなくても「そこに何かいるかもしれない」と想像することができる。科学も技術も芸術も、人類の創造的な活動の源泉は全て、イマジネーションなのである。

未知の一千億分の九百九十九億九千九百九十九万九千九百九十二を目指し、人類の旅は続く。何万年、何億年とかかるだろう。そこに何かいるのか。そこに何がいるのか。科学者の仮説も、人類の宇宙観も、片思いの若者の心のように右へ、左へと揺れ続けるだろう。その過程は永遠に終わることはないが、人類の知識は少しずつ真実へ近づいていくだろう。我々がイマジネーションの火を絶やさない限り。

海王星は青かった

土星で姉と別れたボイジャー2号は孤独に旅を続け、一九八九年、最遠の惑星・海王星に到達した。太陽までの距離は30天文単位、つまり地球から太陽までの距離の30倍。光の速さで約四時間、新幹線の速さなら1700年かかる距離である。ここから見る太陽の明るさは、地球で見る太陽の約九百分の一しかない。

海王星は青かった。孤独で神秘的に青かった。青のキャンバスの上に、水彩絵の具のように柔らかな黒い縞模様と、油絵の具のように境界のはっきりした白い雲が交わりあっていた。時として謎が女性をより美しくするように、海王星の美しさは謎を内包していた。太陽から受ける熱の3倍もの熱を放出する正体不明の熱源が内部にあり、そのため風速600m／sもの暴風が吹き荒れていた。美しい縞の正体は、太陽系最凶の嵐だった。

海王星の衛星トリトンも謎多き世界だった。クレーターは少なく、西半球は水の氷でできたメロンの皮のような模様の地形[*8]が広がっており、赤みがかった窒素の雪がところどころに積もっていた。薄い大気があり、風が大地を削っていた。そして驚くことに、間欠泉が至る所で窒素とメタンの煙を噴き上げていたのだ！　マイナス235℃のこの極寒の世界も、「生きて」いたのである。

---

*8　カンタロープ・メロンにちなんでカンタロープ地形と名付けられている。

この世界には悲しい運命が待っている。トリトンは少しずつ海王星に落ちており、約三十六億年後には海王星の重力に引き裂かれる。トリトンの破片は海王星の大気に突入して燃え尽きるか、土星のような美しい輪になると考えられている。

ボイジャー2号が撮った海王星やトリトンの写真は、電波に乗って漆黒の宇宙を飛び、四時間かけて地球のアンテナに届いた。さらにそれは新聞や雑誌に印刷され、あるいはテレビ放送の電波に乗り、アジアの東端の小さな島国にも届いた。それをかじりつくように見ていたのが、七歳になる少し前の僕だった。海王星の青、トリトンの間欠泉、そしてトリトンが転生する美しい輪。そのイマジネーションが、僕の心の最も深い部分に刺青のように彫り込まれた。

それから二十三年後の二〇一二年、姉のボイジャー1号は太陽圏外に到達した。一方、僕はその翌年にボイジャーが生まれたＪＰＬに加わった。[*9] ＮＡＳＡの太陽系探査は、オアシスを探す段階から、オアシスへ行く段階へ移っていた。地球外生命探査の黄金期が、幕を開けようとしていた。

＊9　その二十四年間の話は拙著『宇宙を目指して海を渡る』に書いたので、ここでは省略する。

映像ギャラリー ③

Cassini's Grand Finale

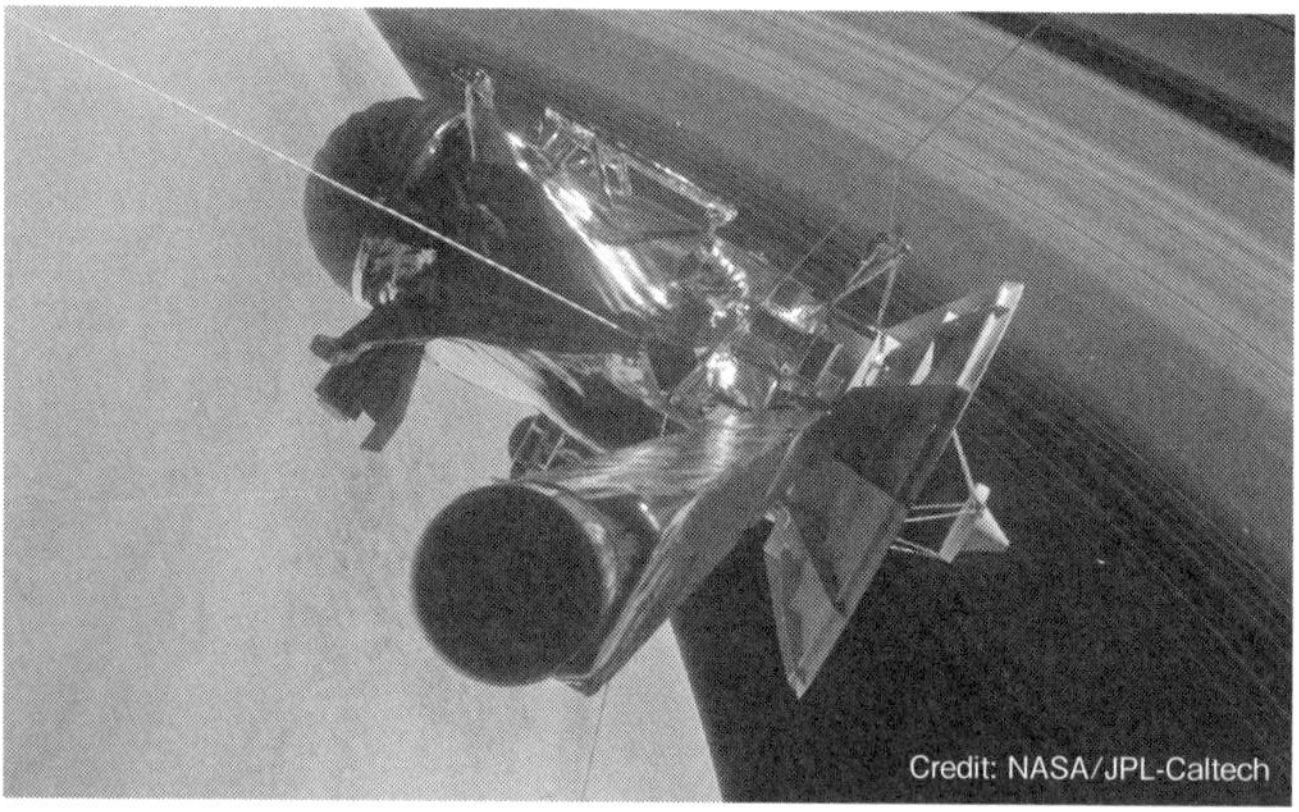
Credit: NASA/JPL-Caltech

NASA の土星探査機カッシーニの最期を描いた 3 分40秒の美しいショートフィルムで、2018年のエミー賞を受賞した。以下にナレーションの和訳を掲載する。

土星とその輪、衛星の壮大な謎を解き明かす孤高の探検者。宇宙での20年の任務の末、NASA のカッシーニは燃料が尽きようとしていています。生命の存在に適した土星の衛星を守るため、この長命の旅人に美しい最期が計画されました。2004年、7 年の太陽系の旅の末にカッシーニは土星に到着しました。カッシーニには乗客がいました。史上初めて外太陽系の世界に到着した人工物である、ヨーロッパのホイヘンス探査機です。それ以後10年以上にわたり、カッシーニは土星とその氷の衛星の驚くべき姿を捉えました。メタンの川がメタンの海に注ぐ世界を。生命を宿しているかもしれない液体の水の海から氷とガスのジェットを宇宙へと噴出する世界を。土星は荒れ狂う嵐と繊細な引力の調和に支配された巨大な世界でした。そして今、カッシーニにはただ一つの任務を残すのみとなりました。カッシーニのグランド・フィナーレは全く新しい冒険です。土星と輪の間を22回ダイブします。この未踏の領域に繰り返し突入し、かつてないほど土星に近づくことで、カッシーニは輪の起源と惑星の内部の性質についての新たな知見を求めます。そして最後のダイブでカッシーニは土星の大気に突入し、別れの言葉を送るため地球にアンテナを向け続けます。土星の空で、旅は終わり、カッシーニは惑星の一部となるのです。

補足すると、カッシーニをわざと土星に突入させるのは、タイタンやエンケラドスに衝突し機体についているかもしれない地球の微生物で汚染する可能性をなくすためである。

命の賛歌

命。命とは何だろう？

命は感じる。命は蠢く。命は育つ。命は咲く。命は歌う。命は踊る。命は命に恋する。命は命を生む。命は命を愛する。

神を信じる者にとって命とは神の神聖なる創造物。科学を極める者にとって命は自然の精緻なる最高傑作。命を産み落としし母にとってそれは星よりも重い唯一無二の宝石。命を殺めしものにとってすら、自ら手にかけし亡骸の虚しさは命の神秘を訴えるだろう。

もし宇宙に命がなかったら？　そうだとしても、星々は粛々と水素を核融合させながら燃え、そのまわりを惑星は重力の法則に従い黙々と回り続け、その空には光学の法則に従って美しい虹が映し出されるだろう。誰のために？

震える心がなくとも夜空には天の川がかかる。感じる魂がなくとも夕焼けは赤く燃える。何のために？

なぜ観客がいないのにバレリーナは踊る？

なぜ人のいない舞踏会に音楽は鳴る？

ときどき、僕はこんな空想をする。命とは宇宙に穿たれた穴ではないか。大きな黒い箱の中にとびきり美しい物が入っているらしい。その箱には小さな穴がいくつかあいていて、人々が交代でそこから中を覗いている。その美しさは評判で、穴を覗くために長い列ができている。百三十八億年待ってやっと僕の順番が回ってきて、穴に目を当てる。美しさに魂が震え、楽しさに心が躍る。ずっと眺めていたいが次の人が待っているので譲る。それが僕の命だ。

では、その大きく黒い箱はなぜあるのか？　中の美しいものはなぜ存在するのか？もしそれを造った存在がいるならば、なぜ造ったのか？

覗いてもらうためではなかろうか？　知ってもらうためではなかろうか？

命は宇宙の結果であると同時に、その理由なのではあるまいか？　宇宙は、自然は、命に知られることを必要としているのではなかろうか？

野に咲く花よ。地を這う虫よ。子よ。母よ。父よ。愛を誓う恋人よ。野心に燃える若者よ。人生を駆け抜けた老人よ。水を漂う者よ。風に舞う者よ。遠い世界に生まれ、遠い世界を夢見る異形の者たちよ。赤い砂の下に逃れ、氷の下に身を隠し、灼熱の風に耐え、凍てつく川に眠りながら、命の火を健気に守っている者たちよ。百三十八億年の宇宙に生きとし生けるもののすべての命よ。宇宙は汝のためにある。宇宙は汝の中にある。

第4章

Are we alone?

火星ローバー・パーサヴィアランスと、
火星ヘリコプター・インジェニュイティ　Image credit: NASA/JPL-Caltech/MSSS

Les étoiles sont belles, à cause d'une fleur que l'on ne voit pas...
（星々が美しいのは、ここからは見えない花が、どこかで一輪咲いているからだね………）

サン＝テグジュペリ『星の王子さま』

想像してほしい。あなたの大切な記憶のことを。母と手を繋ぎ歩いた幼年期。父に肩車されて見たパレード。優しい祖父母。家族旅行。親があなたに語ってくれた誕生の記憶。もしあなたが親を知らなければ、大切な誰かを想像してほしい。友人と鬼ごっこやゲームをして遊んだ日々。思春期の葛藤。初恋。気のおけない友と飲み明かし羽目を外した夜。出会い。旅立ち。結婚。そして愛おしい小さな命を授かった日。

そして想像してほしい。もし、その記憶がすべてなくなってしまったら？　誰もいなくなってしまったら？　あなたは親を知らない。家族も親戚も知らない。自分がどこで生まれたか、どう育ったかも知らない。まわりに友人の誰ひとりいない。地平線の果てまで見渡しても、どこにも誰の影も形も見えない。

私は誰？

私はどこから来たの？

私はひとりぼっちなの？

そう、あなたは問うだろう。そして探すだろう。その答えを教えてくれる誰かを。あなたのアルバムを大事に保管している誰かを。


地球の生命も似たような状況にある。地球に生命が誕生したのはおよそ四十億年前ということはわかっている。だが、どうやって生まれたのかはわからない。そして我々は地球以外の生命をまだ一つも知らない。我々は四十億年の孤独の中にある。


我々は何者なのか？

我々はどこから来たのか？

我々はひとりぼっちなのか？《Are we alone?》

わからない。だから我々は探すのだ。宇宙のどこかにある生命を。

命とは何か？

だがここに大きな困難がある。そもそも「生命」とは何なのかを、人類はまだ知らないのだ。地球上のことですら、たとえばウイルスが生命か非生命か長年議論され未だ決着していない。ましてや宇宙で遭遇した未知の現象を、生命か非生命か区別することなどできるのだろうか。定義されていないものを探すとは、まるで鳥とは何かを知らない人が青い鳥を探しに行くようなものではないか？

もちろん、我々は「生命とは何か」について何も知らないわけではない。その証拠に、人は日常で出会う様々なものを生命と非生命に直観的に区別することができる。たとえば、今僕は家の庭でこの原稿を書いている。僕の目の前にあるMacBook Airは非生命だ。テーブルの上にあるくまのプーさんのコーヒーカップも非生命だ。庭のフェンスも、道を走る車も、遠くの送電線の鉄塔も、その向こうに見えるカリフォルニアの青い空も非生命だ。一方、花壇に植えられた草花は生命だ。そこに止まっている虫も生命だ。先ほど空を飛んでいった鳥も生命だ。さっきペチャクチャと喋りながらうちの前を通って行った二人の若者も、ブランコの上ですやすや眠る一歳の息子のユーちゃんも（もうしばらく寝ていてね）、仕事の手を休めてその寝顔の写真を撮る僕も生命だ。なぜ我々は「生命」の定義を知らないのに、見たものを生命と非生命に分けることができるのだろう？

生命とは帰納的な概念であるからだ。「帰納的」とは難しく聞こえるかもしれないが、つまりは定義ではなく具体例が先にあった、という意味だ。生命と非生命の間に、物理学

＊1　機械学習の言葉で言えば、教師なし学習と同じである。

的に与えられた境界線はない。どちらも同じ物理法則に従う「現象」である。コンピューターも、コーヒーカップも、車もフェンスも空も花も鳥も風も月も、若者もユーちゃんも小野雅裕も、全ては「現象」である。だが、様々な現象をいくつもいくつも見るうちに、いくつかの特徴を共有するひとつのグループがあることに気づく。その特徴とはたとえば、呼吸をする、代謝をする、子孫を残す、などだ。ウイルスのようにどっちつかずの現象もあるため境界線は明確に引けないけれども、たとえば空に浮かぶ水滴の集合をひとひらの「雲」と数えられるように、一部の現象がモヤッとした塊を成しているのが見えてくる。[*1]それらに与えられたラベルが「生命」だ。[*2]

では、宇宙で出会った何かしらの現象を、生命現象か非生命現象かに分けるには、どうすればいいのだろう？

もっとも本質的な方法は、宇宙を全て知ることだ。文字通り、全てを。そうすれば、地球上の生命と同じように、無数の現象の中に自ずとあるグループが見えてくるだろう。それが宇宙的観点での「生命」にあたるのかもしれないし、もしかしたら二つ目、三つ目のグループもあるかもしれない。

だが、そんなことは神様にしかできない。前章で書いたように、人類はまだ宇宙のことをほんのわずかしか知らない。宇宙を全て知るなど、何億年かかっても不可能だろう。

＊2　もちろん、グループの内と外を分ける境界線を後から引くことはできるし、それは無意味なことではない。境界線の引き方は様々で、それについて本書では論じない。興味がある方は、たとえば福岡伸一先生の著書『生物と無生物のあいだ』を参考にされたい。

では、一体僕たちはどのような方法で、向こう数十年という短期間のうちに、未だ定義すらない「生命」というものを見つけようとしているのだろうか？　いかにして、我々は何者か、我々はどこから来たのか、そして我々はひとりぼっちなのかという問いに、答えようとしているのだろうか？

最終手段の仮説

この難題に挑む道しるべとなるのが、カール・セーガンの次の一言である。

“Life is the hypothesis of last resort.”（生命とは最終手段の仮説である。）

少し難しく聞こえるかもしれない。別の言い方をすれば、科学はシンプルさを好む、ということだ。

さらに混乱してしまっただろうか。いったん生命の議論を脇に置いて、例を出そう。ある日突然、桶屋が儲かったとする。この不可解な現象を説明できる仮説が二つあるとしよう。一つは、近所に大型銭湯ができて桶を大量発注したという仮説。もう一つは、風が吹いたため土ぼこりが立ち、それが目に入って盲人が増え、盲人が三味線を買い、三味線に使う猫皮が必要になるためネコが殺され、ネコが減ったためネズミが増え、桶をかじるため桶の需要が増え桶屋が儲かった、という仮説である。どちらの仮説が正しいだろうか？

おそらく、前者だろう。もちろん後者の可能性も完全には否定できないが、このように極度に複雑な仮説が実現する確率は非常に低いからだ。

科学も同じだ。**もし何か不可解な現象が見つかって、それを説明する仮説が複数あった場合、単純な仮説を採用する。**その方が蓋然性が高いからだ。この科学の原則は「オッカムの剃刀」と呼ばれる。

さて、生命の話に戻ろう。生命は非生命より格段に複雑だ。宇宙で何かの新現象に出会ったとしよう。そしてそれは、生命現象でも、非生命現象でも、整合性をもって説明できるとしよう。ならば採用すべきは単純な非生命的仮説だ。もし、あらゆる非生命的仮説が却下され、残されたたった一つのものが「それが生命である」という仮説だった時に初めて、それが採用される。「生命とは最終手段の仮説」とはそういう意味だ。

たとえば、火星ローバー・キュリオシティは大気中のメタン濃度の急激な上昇に何度か遭遇した。これは予想外の現象だ。なぜなら、メタンはすぐに紫外線によって分解されてしまうからだ。だから「何か」がメタンを生産しているはずだ。

地球では、メタンは火山活動や生命活動で生成される。牛がゲップをするとメタンが出る。メタンを合成する菌もある。だから、火星の局所的なメタン濃度を説明するひとつの仮説は、生命だ。地下にメタン菌がいるのかもしれないし、ローバーの死角で火星牛が隠

火星ローバー・キュリオシティの「自撮り」
Credit: NASA/JPL-Caltech

れてゲップをしていたのかもしれない。だが、これを説明する非生命的な仮説もいくつかある。たとえば、火星にも存在するカンラン石が水・二酸化炭素と反応するとメタンが出ることが知られている。この仮説を否定する根拠は今のところない。だから、火星のメタンが生命の証拠であるとは現在のところ考えられていない。[*3]

だから、地球外生命探査で大事なのは、あらゆる非生命的な仮説を棄却できるように観測や実験をデザインすることである。これがなかなか難しい。事実、NASAは過去に一度、苦い経験をした。

一九七六年に世界初の火星着陸を成功させたNASAの探査機バイキングは、生命を検出するための四種類の実験を行なった。そのひとつが、火星の生物に「エサ」を与える実験だった。まず、スコップで火星の土をすくい、密閉容器に入れる。次に七種類の有機物が溶けたスープをそれに垂らす。そして出てくるガスを観察するのである。もし生物がそのスープを飲み代謝したら、二酸化炭素が出てくるはずだ。[*4]

結果は驚くものだった。スープを垂らした途端に二酸化炭素が出てきたのだ！　喉がカ

＊3　この謎を解くため、大気中のごく僅かなガスを検出する装置が搭載された欧州宇宙機関（ESA）の火星オービターTGOが2016年に打ち上げられた。しかし現在に至るまで、TGOはメタンを一切検出できていない。謎に挑んだ結果、新たな謎が現れた。これもまた、科学の進歩の一つの形である。

1976 年に史上初めて火星に着陸を成功させた探査機バイキングのモデル　Credit: NASA/JPL-Caltech

ラカラの火星の微生物が、地球製のスープをゴクリと飲み干して、「ごちそうさま」と言わんばかりに二酸化炭素をゲプッと吐き出していたかのように思えた。

だが、他の三つの実験の結果はどれも生命の存在に否定的だった。とりわけ、土壌中から有機物がほとんど検出されなかったという事実は科学者を悩ませた。有機物を食べる微生物の体は当然、有機物からできているはずだ。

スープを飲んで二酸化炭素を吐き出したものの正体が生命であるという仮説は完全には否定できない。だが、大多数の科学者がこれを生命の証拠と考えていないのは、実験結果を非生命的プロセスで説明する仮説が、ひとつ残ってしまったからである。

その仮説とはこうだ。火星にはオゾン層がない

＊4　二酸化炭素が与えた有機物に由来するか検証可能なように、有機物は放射線同位体でマーキングされていた。

ため地表には強い紫外線が降り注いでいる。土の中に含まれる塩素に紫外線が照射されると酸化剤になる。漂白剤のようなものと思えばいい（火星に行く機会があっても、土を素手で触らないことをお勧めする）。有機物がこの「漂白剤」に触れると分解され、二酸化炭素になる。有機物は壊れやすいのだ。火星の土が酸化剤になっているという仮説は、その後の火星ローバーミッションでも裏付けられている。

では一体、すべての非生命的な仮説で説明不可能な現象とは何なのだろうか？　もし火星で緑色のタコ型宇宙人のパパが息子をブランコで寝かせている写真が撮れれば話は早い。エウロパやエンケラドスの海水を顕微鏡で観察し、プランクトンがエサを求めて蠢いているのが見えれば、ほぼ間違いなかろう。だが、現実にはそう単純にはいかない。サンプルの中にいる微生物は既に死んで動かないかもしれない。長い時間が経ってひどく劣化しているかもしれない。そもそも宇宙生命は地球人には想像もつかない形をしているかもしれない。

事実、一九九六年にＮＡＳＡの研究者が火星隕石から地球外生命の痕跡を発見したかもしれないと話題になったことがあった。火星隕石とは、他天体の衝突などで火星から放り出された石が、宇宙を漂い偶然地球に落ちてきた隕石である。そのひとつ、ＡＬＨ８４００１という南極で見つかった火星隕石の表面を電子顕微鏡で見たところ、バクテリアのよ

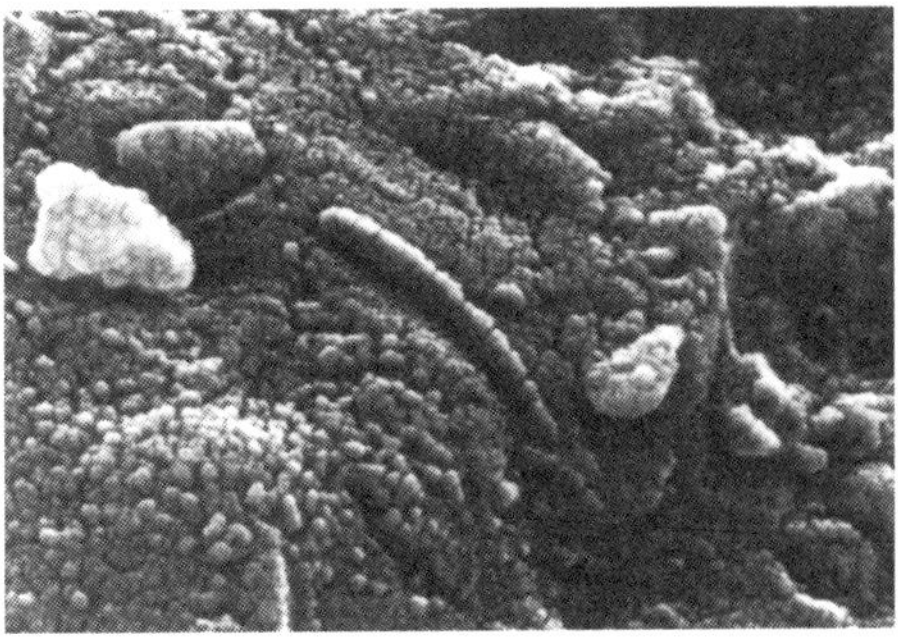

火星隕石 ALH84001 から見つかった、生物のように見える構造　Credit: NASA

うに見える構造が見つかったのだ。ぜひ上の写真を見てあなたも考えてほしい。これは火星で生きていたバクテリアだろうか？　それとも、石が偶然バクテリアのような形をしていただけだろうか？

どちらとも言い難い、が正直な感想ではなかろうか。多くの科学者もそう考えている。生物のように「見える」というだけでは、地球外生命の動かぬ証拠にはなり得ない。

では、いったいどのような証拠を集めれば、用心深い科学者たちが「最終手段の仮説」を信じることができるのだろうか。専門用語で生命存在を示唆する証拠を「バイオシグネチャー」という。バイキング以来、実に多くの科学者たちが、何が有力な「バイオシグネチャー」となりうるかについて議論を重ねてきた。議論は現在でも休むことなく続いており、数限りないバイオシグネチャーの候補が提案されてきた。その中で三つの代表的なものを紹介しよう。ヒントは「レゴ」、「鏡」、そして「重さ」である。

レゴ、鏡、重さ〜命の証拠、バイオシグネチャー

分子生物学の発展により、我々が「生命」と呼ぶ地球上の諸現象は全て、ある一つの「レゴ・システム」のようなものでできていることがわかった。

クリスマスにもらったレゴの箱を開けると、中には多くのブロックが入っている。ブロックの種類はそう多くない。せいぜい数十だろう。だが、子供が豊かな想像力でブロックを組み合わせれば、無限に近い種類の形を作ることができる。また、ある決まった形を作るレゴのセットもある。たとえばスター・ウォーズのミレニアム・ファルコンや、ハリー・ポッターの一場面や、小惑星探査機はやぶさを作るセットがある。そのようなセットには説明書が付いていて、その通りにブロックを組み合わせれば目的の形ができる。限られた種類のブロックと説明書の組み合わせが、「レゴ・システム」である。

生命もレゴ・システムによく似ている。あなたの体には数限りない種類のタンパク質がある。人間以外も同じだ。だが、全ての生命の全てのタンパク質は、基本的にたった20種類[*5]の「ブロック」を組み合わせてできている。「ブロック」にあたるものがアミノ酸だ。

*5　この他にもう2種のアミノ酸が特殊な方法で遺伝子にコーディングされていることが知られているが、これらが用いられることは稀である。

あなたの肌も、網膜も、筋肉も、バクテリアの細胞膜も、ウイルスも、基本的にはたった20種類のアミノ酸をレゴのように組み合わせることでできているのだ。[*6]

そして、「組み立て説明書」にあたるものがゲノムである。世界の子供に親しまれるレゴの説明書は何十もの言語が併記されているが、生命の組み立て説明書はたった二つの言語しかない。DNAとRNAである。そしてそれらの言語の「文字」にあたる核酸塩基は、A、C、G、T、Uの5種類しかない。

自然界には無数のアミノ酸と核酸塩基が存在するのに、人も獣も花も虫も大腸菌も炭疽菌も古細菌も、全ての地球生命はそのうちたった20種類と5種類のみを使って組み上げられている。なんとも不自然ではないか。この「不自然さ」が、強力なバイオシグネチャーになりうるのである。

二つ目のバイオシグネチャーは「鏡像異性体」あるいは「光学異性体」と呼ばれるものを用いる。文字を書いて鏡に映すと左右がさかさまの鏡文字になる。でもダ・ヴィンチかAᗺBAのファンでもない限り、あなたが普通の文字と鏡文字を混ぜて使うことはなかろう。同じように、生命の「レゴブロック」であるアミノ酸のほとんどには鏡像対称の二種類があり、それぞれD型、L型と呼ばれる。自然界には両方が存在するのに、全ての地球生命はL型のみを使う。この「不自然さ」もまた、バイオシグネチャーの一つとなりうる。

*6 ただし、翻訳後修飾というメカニズムにより、遺伝子からタンパク質への翻訳後の化学的変化により他のアミノ酸が生じることはある。

三つ目のバイオシグネチャーは炭素原子の「重さ」を用いる。炭素は地球生命の屋台骨だ。筋肉も脂肪も炭水化物も全て炭素の骨格に様々な原子が結合したものである。あなたの体を作る炭素のほとんどは、元をたどれば空気中を漂う二酸化炭素だった。それをどこかの草が吸い込み、光合成で炭水化物に変わり、牛に食べられて筋肉となり、牛丼となってあなたの体になる。その炭素原子はあなたが死んで火葬されたら再び二酸化炭素になって大気に戻るのである。

この炭素原子には実はいくつかの種類がある。6個の陽子と6個の中性子から成る「炭素12」、6個の陽子と7個の中性子から成る「炭素13」、そして6個の陽子と8個の中性子から成る「炭素14」だ。すべて化学的性質は同じなのだが、重さが少しだけ違う。自然界では炭素の98・93％が一番軽い炭素12で、炭素13が1・07％、炭素14はごく微量だ。ところが、自然界の炭素を取り込んでできているはずのあなたの体では、炭素13の比率は1・07％より大幅に低い。生命はもっとも軽くエネルギー効率の良い炭素12を選択的に取り込むからである。つまり、環境と異なる「不自然な」炭素原子の重さの比率がバイオシグネチャーとなりうる。

他にも科学者たちが提案するバイオシグネチャーの候補は無数にある。大事なのは、いくつもの証拠を組み合わせて使うことだ。推理小説で探偵が複数の証拠から犯人を割り出すのに似ている。独立した複数のバイオシグネチャーが生命の存在を示唆すれば、それだけ証拠は強くなるのである。

こんな想像をしてみよう。バルカン星から耳の尖った宇宙人科学者が地球を訪れる。彼は偶然、太平洋のど真ん中に着いてしまい、人も木も鳥も魚もクジラもすぐには目に入らない。しかも何らかの不都合な理由ですぐにバルカンに帰らなくてはいけなくなった。そこで彼は、地球の海水を何本かの試験管に入れ、汚染されないように密封して、そそくさと地球を去る。

バルカンに戻った宇宙人は持ち帰った海水のサンプルを分析する。そこにはたくさんのアミノ酸が溶けている。それ自体は何も特別なことではない。アミノ酸は非生命的なプロセスでも作られる。たとえば、NASAの探査機スターダストやESAの探査機ロゼッタは、彗星が纏うガスの中にグリシンというアミノ酸を検出している。

だが何かおかしいぞ、と宇宙人は気づく。自然界には数百種類のアミノ酸があるのに、なぜかその中の20種類だけの濃度が異常に高いのだ。彼はさらに不思議なことに気づく。なぜかアミノ酸はことごとくL型だ。しかもそれらのアミノ酸を構成する炭素原子の炭素13の比率が、周囲の環境に対して異常に低い。

宇宙人はあらゆる非生命的な仮説を検討するが、どれもこの不自然な現象を論理的に説明できない。ここに至って彼は、ポケットに隠しておいた「最終手段の仮説」を取り出す。つまり、「地球には生命が存在する」という仮説である。

これが現在の科学者たちが考える地球外生命探査のアプローチである。もちろん、地球外生命は地球生命と全く異なる成り立ちをしているかもしれない。「レゴ・システム」のブロックの数や種類が違うかもしれないし、L型ではなくD型を使っているかもしれない。正直、地球外生命がどのようなものか、我々は想像する糸口すらない。だが、どんなものであっても、非生命現象では説明できない特異的な化学的・物理的特徴、すなわちバイオシグネチャーを捉え、しかも一つではなく独立した複数のバイオシグネチャーが見つかり、疑いの余地が限りなくゼロに近づいた時、人類はこの結論に至るだろう。

「地球外生命を発見した」と。

その時、四十億年の孤独は終わる。我々はひとりぼっちではなくなる。そして、我々は何者なのか、我々はどこから来たのかという問いへのヒントも、得られるかもしれない。

では、どうすれば火星やエウロパやエンケラドスでバイオシグネチャーを検出できるのか。これがなかなか簡単ではない。「レゴ・システム」を検出するには、土や氷や水の中にごくわずかな濃度で混ざっている分子（とりわけ有機物）を検出したり、炭素13の比率を非常に精密に測定する必要がある。分子はレゴと違って目に見える大きさではない。そこで科学者は様々な分析装置を使う。大学の化学科や生物科の実験室を訪れると、機械的な音を立てながら忙しそうに振動する巨大な装置がいくつも置かれているだろう。あのような装置である。その代表例が質量分析機と呼ばれるもので、種類は様々だが、一般的には机ほどの大きさがある。

ここで一つの問題が立ちはだかる。そのような巨大な装置を探査機に積めないことだ。たとえば、重量およそ900kgの火星ローバー・キュリオシティに搭載されている科学機器は80kgほどでしかない。旅のパッキングのように、持っていく機器を厳選し、小型化しなくてはいけない。可能な観測や実験は非常に限られる。

それが、科学者たちが異世界のサンプルを地球に持ち帰りたい理由である。ほんの少量でも地球にサンプルを持ち帰れば、研究室の大型機器を総動員して分析できるからだ。これをサンプルリターンという。

サンプルリターンといえば、日本の小惑星探査機「はやぶさ」を思い出す人も多いだろう。初代はやぶさが持ち帰った小惑星の砂は月以外の世界から人類が史上初めて持ち帰ったサンプルだった。はやぶさの功績はどんなに強調してもしすぎることはない。NASA内でもHayabusaの名は非常によく知られている。

はやぶさの成功に続いて、二〇二〇年にはやぶさ2が小惑星リュウグウの、二〇二三年

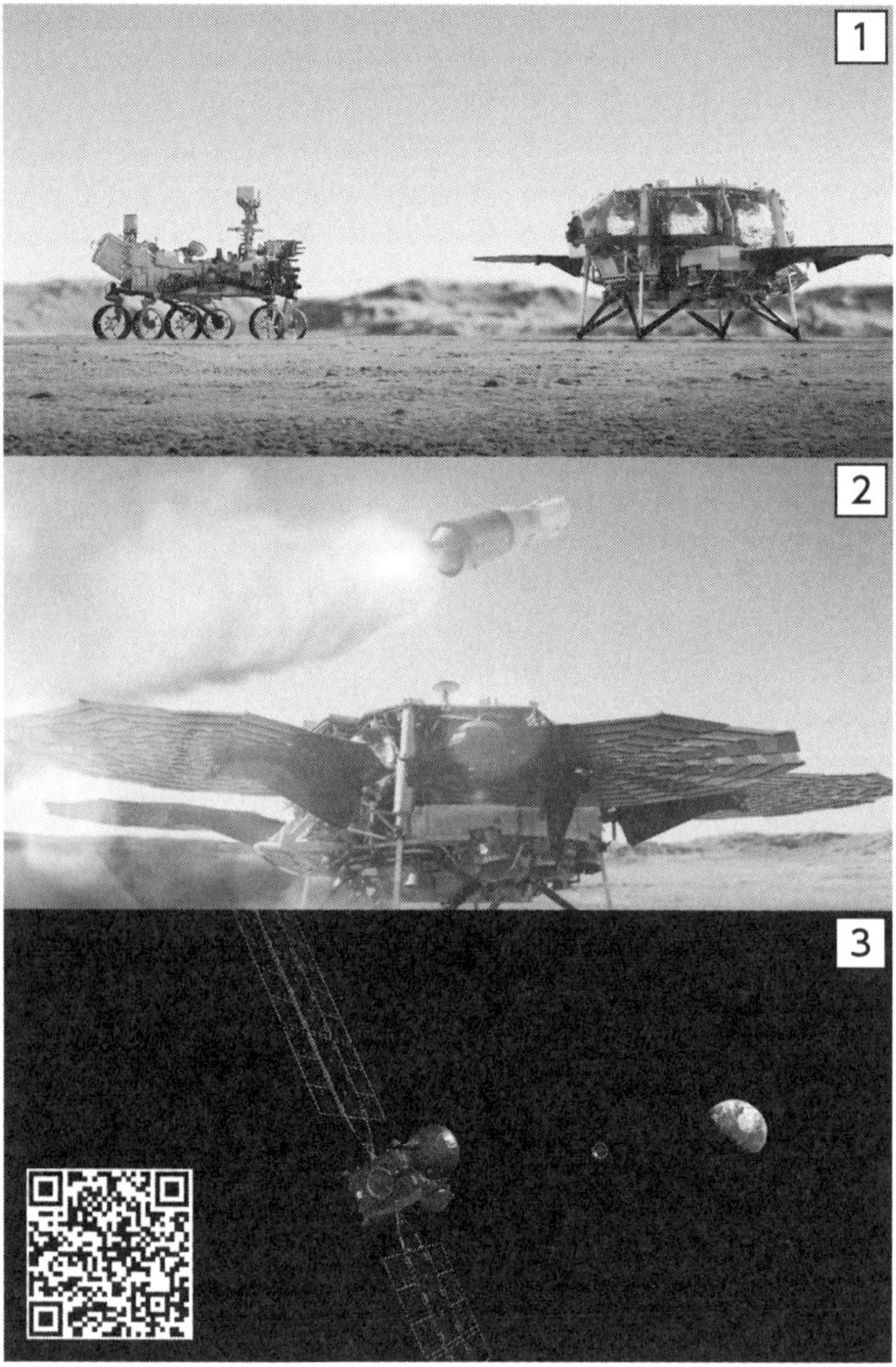

火星サンプルリターン計画　Image credit: NASA/ESA/JPL-Caltech/GSFC/MSFC

にはNASAの探査機オサイリス・レックスが小惑星ベンヌのサンプルを持ち帰った。現在、JAXAでは火星の衛星フォボスからのサンプルリターン計画であるMMXが進行している。一方、NASAはESAと共同で火星本体の岩を地球に持ち帰る火星サンプルリターン計画を進めている。この火星サンプルリターン計画で、人類はついに本格的な地球外生命探査に乗り出した。火星に川が流れ湖に注いでいた約四十億年前の命の痕跡を探すのだ。

火星サンプルリターン

火星サンプルリターンの構想は何十年も前から何度もNASA内で持ち上がっては予算不足で潰えてきた。それがついに現実の計画となったのは、ちょうど僕がNASAジェット推進研究所に加わった二〇一三年頃からだった。その内容はこの十年でいろいろと変わったし、これからも変わるかもしれないが、本書執筆時点（二〇二四年二月）での計画はこうだ。

はやぶさは一台の探査機で地球・小惑星間を往復するミッションだった。火星は重力が大きいため、単一ミッションで行なうには巨大な探査機が必要になってしまう。そこで、三つのミッションに分けて行なう。

最初のミッションが二〇二一年二月に火星に着陸した火星ローバー「パーサヴィアランス」である（175ページ章扉の写真）。その任務はサンプルを集めることだ。ドリルで岩をくり抜き、試験管のようなサンプルチューブに密封する。現時点で23本のサンプルを収集しており、もう15本分の空のチューブがある。23本のサンプルのうち、現在ローバーが持っているのは14本。9本は一年ほど前にスリー・フォークスと呼ばれる場所に置いてきた。大事なサンプルを置きっぱなしにして大丈夫かと思われるかもしれないが、それを盗むような輩はいなさそうだし（いたら面白いが）、雨も降らず、大気が薄いため風に持ち去られる心配もない。一方のパーサヴィアランスはこの先も走行を続け、科学的に重要なサンプルを収集していく。

さて、二番目のミッションは欧州宇宙機関（ESA）によるサンプルリターン・オービターだ。はやぶさのようにイオンエンジンを搭載し、二〇二九年に予定される火星到着後は周回軌道で待機する。

最後のミッションはサンプル・リトリーバル・ランダーと呼ばれる着陸機だ。その背中にはマーズ・アセント・ビークルと呼ばれるロケットと、サンプル・リカバリー・ヘリコプターと呼ばれる小型ヘリコプターが二台搭載されている。[*7] 着陸は二〇三〇年かそれ以降なのだが、この時にまだパーサヴィアランスが元気であれば、サンプル・リトリーバル・

*7　本稿執筆時点（2024年2月）において、火星サンプルリターン計画の構成の変更が議論されている。2台のヘリコプターはキャンセルされる可能性がある。

ランダーが着陸した場所まで自走して持っている29本のサンプルチューブを手渡しする（192ページ図1）。もしパーサヴィアランスが走行不可能になっていたら、サンプル・リカバリー・ヘリコプターがスリー・フォークスまで飛んでいき、あらかじめ置いてきた9本のサンプルを取ってくる。そう、パーサヴィアランスが地表に置き去りにした9本のサンプルは、もしものためのリスクヘッジなのである。

サンプルチューブはロケットの先端のカプセルに収納され、火星軌道へと打ち上げられる。史上初めての火星からのロケット打ち上げだ。この打ち上げ方式がなかなか大胆だ（192ページ図2）。着陸機が背中のロケットをぶん投げ、空中でエンジンに点火するのである。この一見クレイジーな方法を取るのには、もちろん理由がある。着陸機の上でエンジンを点火すると、その噴射で着陸機が動いたり破損したりしてロケットの発射時に思わぬ力が加わってしまう可能性がある。ぶん投げて空中発射すれば、そのようなリスクを防げるのだ。

そして火星軌道を漂うカプセルを待機していたサンプルリターン・オービターがキャッチし、イオンエンジンを稼働させて火星軌道を離脱、そして地球へと向かう。

地球到着三日前、再突入カプセルがオービターから分離される（192ページ図3）。そして地球の大気圏へ突入し、アメリカの砂漠に着陸する。現在のところ、地球への帰還は二〇三三年以降に予定されている。

地球に戻ってくるサンプルの総量は数百g。それを届けるため、ローバー、ランダー、ヘリコプター、ロケット、オービターの5台の宇宙機が、火星から地球までの壮大なリレーを繰り広げるのだ。そして人類がはじめて手にする火星の岩のサンプルから、いったい何が見つかるのだろうか。たとえバイオシグネチャーが検出されなくても、数限りない科学的成果が得られることは間違いない。だがもし、そこに動かぬ生命の証拠が発見されたら……。

想像してみよう。約四十億年前、地球の海に最初の生命が誕生してまもない頃、火星の湖の底にも命が生まれた。それはどのような形をしていたのだろうか。どのような仕組みで生きていたのだろうか。どのように進化したのだろうか。そして、その後の運命はどうなったのだろうか。

火星の過去の生命が発見されれば、地球の生命の起源についても多くのことがわかるかもしれない。先に説明したように、地球は地質学的に「生きて」いるから四十億年前の記録はほとんど消し去られている。いかにして最初の命が誕生したのか、そしてそれはどのようなものだったのか、ほとんど何もわかっていない。生命誕生の記録は、火星の方がよく保存されている可能性がある。つまり、二〇三〇年代に地球に届く数百gの火星の石の中に、「我々はどこからきたのか」という深淵な問いへの答えの断片が記されているかもしれないのである。

カール・セーガンの夢と、僕の夢

この壮大な火星サンプルリターン計画の一番バッターであるパーサヴィアランスに、僕はJPLに入った直後から現在に至るまで携わってきた。これは地球外生命との遭遇という人類の夢の第一歩であるとともに、僕個人にとっても一つの夢の実現だった。その話を少ししよう。

時を遡り一九八〇年。先に書いた世界初の火星着陸機バイキングに携わっていたカール・セーガンが、当時の気持ちをこう書いた。

私がヴァイキングの画像を使って研究していた時にいつも心に渦巻いていた感情は、動けないことへのフラストレーションだ。私はあたかもバイキングが動くことを拒んでいるかのように、この着陸機に向けて「せめてつま先立ちくらいはしてくれよ」と無意識に懇願していた。私たちはどれだけ切実に願ったことだろう、そこに見える砂丘をロボットアームの先でつつけたら、向こうの岩の下に生き物が隠れていないか探せたら、あるいは遠

史上初の火星ローバー・ソジャーナ　Credit: NASA/JPL-Caltech

くに見える尾根がクレーターの縁かどうかを確かめに行けたら、と。（中略）火星探査に理想的なツールは、カメラや高度な化学的・生物学的分析装置を積んだローバーだ。

史上初の火星ローバーは、一九九七年に火星に着陸したマーズ・パスファインダーの背中に乗っていた重さ10．6kgの小型のローバー「ソジャーナ」だった。この名はアメリカの黒人奴隷解放に尽力した女性活動家から取られたものだ。ソジャーナは自力で地球と交信できないため行動範囲は母船マーズ・パスファインダーの「目が届く範囲」に限られていたが、そこに見える岩や砂丘をロボットアームの先でつつき、その成分を調べることができた。カール・セーガンの夢がついに実現したのである。

ソジャーナが赤い大地を走り回る姿をセーガン本人が見たらどんなに喜んだことだろう。しかし彼はマーズ・パスファインダーが火星に着陸する七ヶ月半前にこの世を去った。着陸後、このランダーにはカール・セーガン記念基地という名が与えられた。

史上初の火星ローバーの成功のニュースはもちろん日本でも大きく報じられ、数多くの宇宙少年少女たちのイマジネーションを刺激した。その中の一人が、当時中学三年生だった僕である。あの「何か」が、テレビや「ニュートン」の誌面を通して僕に伝わって来たのだ。とりわけ僕の心に残っているシーンがある。リアルタイムで見たのか、それとも後になって映像を見たのかは覚えていない。おそらく後者だろう。それはマーズ・パスファインダー着陸の瞬間の、コントロール・ルームの様子の映像だ。

マーズ・パスファインダーは時速2万6,000㎞で火星の大気に突っ込み、その後わずか7分で着陸に至る。地球に電波が届くまで約10分かかるから、大気圏突入の信号が地球に届く頃にはもう、着陸に成功しているか、無残に墜落しているかのどちらかだ。この間エンジニアたちにできることは、信じて待つこと以外に何ひとつない。この「恐怖の7分」の間、コントロール・ルームのエンジニアたちは皆、不安そうな表情でモニターを見たり、うろうろしたりしていた。たった7分なのに無限に長く、長く感じられた。

そして届いた着陸成功の信号。その瞬間、コントロール・ルームは大歓声に湧いた。いい歳をした大人が飛び跳ね、抱き合い、涙を流しながら喜んでいた。

僕のまわりの大人があんな風に喜んでいるのを見たことは、一度もなかった。

二〇〇四年、二機の小型ローバー、スピリットとオポチュニティが相次いで火星への着陸を成功させた。僕は大学三年生になっていて、宇宙開発に携わることを夢見て東大の航空宇宙工学科に進んでいた。この二台のローバーはソジャーナと異なり、着陸機の「目の届く範囲」を超えて自力で火星上を行動できた。当初の計画は90火星日のミッションだったが、スピリットは2208火星日（六年九ヶ月）、オポチュニティは5352火星日（十五年）も稼働し、過去に水が存在した動かぬ証拠を見つけるなど大きな成果を挙げた。

スピリットとオポチュニティが着陸した時も、「恐怖の7分」の後に吉報が届くと、テレビの向こうで大の大人が飛び跳ね、抱き合い、涙を流しながら喜んでいた。いつか、あの中に入りたいと思った。だから僕は宇宙を目指して海を渡った。

喜びの涙、悔しさの涙

留学先では大変な苦労をした。まずは英語と異文化への適応と学業で苦しみ、そして自信を失い、夢を見失ったこともあり、それでも幸運な出会いや巡り合わせのおかげで、6

キュリオシティが火星着陸に成功し、涙を流して喜ぶエンジニアたち
Credit: NASA/JPL-Caltech

年半かけてなんとか博士号を取り終えた。そして、夢だったNASA JPLの門を叩いた。僕を面接した人の中には、昔テレビの向こうで飛び跳ねて喜んでいた人もいるかもしれなかった。

結果は、不採用だった。僕は失意とともに日本に帰り、大学の教員になった。

その四ヶ月後の二〇一二年八月、次の火星ローバーのキュリオシティが火星に着陸した。キュリオシティはスピリットとオポチュニティよりはるかに巨大で、重量は約900kg。コンパクトカーほどの規模だ。目的は火星が過去に生命の存在に適した環境だったかを探ることで、そのための高度な観測機器を搭載していた。

着陸の日、僕は一人、日本の大学の食堂でパソコンを広げてライブストリームを見ていた。「恐怖の7分」の間、画面の向こうでは揃いのポロシャツを着て頭にヘッドセットを装着したエンジニアたちが固唾をのんでモニターを見ていた。そして着陸成功の信号が届くと喜びを爆発させ、飛び跳ね、抱き合い、涙を流した。僕と同じくらいの歳の人もいた。

　羨ましかった。そして悔しかった。ナイフで胸をえぐられるような痛みのする悔しさだった。どうして僕は画面の向こう側ではなくこちら側にいるのか。どうして僕は今、甘い涙ではなく、苦い涙を飲んでいるのか。僕の夢は永遠に地球に縛られたままなのだろうか。


　実はモニター画面の向こう側の科学者たちにも大きなフラストレーションがあった。彼らはバイキングが初の火星着陸に成功した一九七〇年代から火星サンプルリターンを切望していた。構想は何度も持ち上がったが、その度に予算の壁に阻まれて消えた。たとえば一九八八年、NASA本部からの指示の下、ジェット推進研究所とジョンソン宇宙センターが共同でマーズ・ローバー・サンプルリターン（MRSR）というミッションの検討を行なった。しかし12トンにも及ぶ探査機を火星に送る必要があるこの計画は、先に進むことなく立ち消えになった。

　もっとも実現に近づいたのは、ソジャーナが初めて火星の大地を走った後の一九九〇年代終盤だった。NASAはフランス、イタリアと共同で二〇〇三年と二〇〇五年に二機のローバーを相次いで打ち上げ、二〇〇八年に火星のサンプルを地球に持ち帰ることを計画していた。しかし一九九九年にマーズ・クライメイト・オービターとマーズ・ポーラー・ランダーの二機の火星探査機が相次いで失敗したことで、NASAは計画を見直し、火星サンプルリターンは棚上げになった。

二〇〇〇年代後半に再度、NASAと欧州宇宙機関（ESA）が共同で火星サンプルリターンを行う計画が持ち上がった。二〇一八年にMAX－Cというローバーを送り込んでサンプルを集め、二〇二〇年代にそれを回収し地球に持ち帰る計画だった。しかし予算カットのため二〇一一年にまたしてもMAX－Cは中止になった。ちょうど僕がJPLと面接し不採用になった時期だった。苦い涙を飲んだのは、僕だけではなかったのだ。

どうして火星サンプルリターンという夢はこうも困難なのか。その原因は、第1章で描いたロケットの父やフォン・ブラウンの困難と根本的に同じだ。火星は小惑星と異なり、無視できないほどの重力がある。その呪縛を振り切ってロケットを打ち上げ地球までサンプルを届けるには大きなロケットが必要となる。その大きなロケットを地球から火星まで届けるには、さらに巨大なロケットを地球から打ち上げる必要がある。だから莫大な資金が必要となるのである。

もう一つ、ロケットの父やフォン・ブラウンと火星サンプルリターンを夢見る科学者やエンジニアたちには似たところがあった。

あきらめが非常に悪かった点だ。

科学者たちは連邦議会に対しMAX－Cの中止に猛抗議した。それが実り、議会はNASAの科学探査予算を大統領予算要求から増額。それを受け、二〇一二年十二月、NASAはMAX－Cの生まれ変わりであるマーズ2020ミッションを発表したのである。

二〇二〇年の打ち上げが予定されていたから「マーズ2020」なのだが、これが先に何度か触れた火星ローバー・パーサヴィアランスを送り込むことになるミッションだ。

少々ややこしいが、「マーズ2020」がミッションの名前、「パーサヴィアランス」が火星ローバーの機体に付けられた愛称である。通常はミッション名と同じ機体名が付けられるのだが（たとえばボイジャー・ミッションで打ち上げられた機体はボイジャー1号・2号）、火星ローバーだけは機体に愛称が与えられるのがソジャーナ以来の慣例になっている。そしてその愛称は全米の子供たちが対象のコンクールで決まる。「パーサヴィアランス」の名が決まったのは打ち上げ直前で、この時はまだ単に「マーズ2020ローバー」と呼ばれていた。

正確に言うと、まだNASAは火星サンプルリターンにコミットしたわけではなかった。だがマーズ2020の目的の一つに「将来地球へ持ち帰る可能性のあるサンプルの収集」

が明記された。幾度もの挫折を乗り越え、ついにNASAは世界中の科学者の数十年来の夢だった火星サンプルリターンの第一歩を踏み出したのである。

火星旅行の目的地

キュリオシティの着陸から遡ること六ヶ月。

JPLを不採用になった僕に、思いがけないチャンスが巡ってきた。恩と運の巡り合わせで、博士論文提出後から日本での勤務開始の間の二ヶ月間、JPLでインターンをさせてもらえることになったのである。元々はインドを放浪旅行するつもりだったが、二つ返事で行き先をパサデナに変更した。

その後の顛末は以前に別の本に書いたので[*8]割愛するが、この二ヶ月、僕は死に物狂いで頑張った。僕を雇わなかったことを後悔させてやろうという思いだった。そして結果を出し、認められ、半年ほどしてJPLに採用されることになった。日本の仕事を一年で辞め、再び渡米し、かつてテレビで見た憧れの場所で働き始めた。

夢が叶った、と思った。その時は。

入社して最初にアサインされた仕事は三つあった。小惑星リダイレクトミッション（ARM）、火星ローバーの着陸計画の解析、そして海軍から委託された研究だ。

＊8　『宇宙を目指して海を渡る』（2014）東洋経済新報社

ＡＲＭは小惑星を丸ごと月軌道に持ち帰るという非常に野心的なミッションで、僕はとても興奮した。ところが一年も経たぬうちに計画の変更があり、僕のいたチームは解散することになってしまった。火星の仕事もほどなくして「デスコープ」されてしまった。デスコープとは、「君の仕事は不必要になった」というのをオブラートに包んで言う時にＮＡＳＡで使われる言葉である。

結局、僕に残されたのは軍関係の仕事ばかりになった。研究テーマとしては面白かったし、結果を出せば認めてもらえると思って頑張った。でも、このためにＮＡＳＡに来たんじゃない、という思いがいつもあった。

そんな時、キュリオシティのオペレーターの募集が社内であった。平たく言えば火星ローバーを運転する仕事だ。もちろん応募し社内面接を受けたが、不採用だった。

ならば自分で自分の好きな仕事を作ろうと思い、研究費を取るためのプロポーザル（申請書）を書きまくった。頑張った甲斐あり、小惑星や火星関係の面白い研究プロジェクトをいくつも取ることができて、ＰＩ（主任研究員）としてそれらを率いた。ところが、その成果を実際のミッションに売り込んでも、殆どの場合は「時期尚早」と却下された。

正直、心が折れそうになったことが何度もあった。カフカの『城』のようだった。城を目指して雪道を歩く。城は向こうに見えている。だがどれだけ歩いても着かない。この道が城へ通じているのかもわからない……。

現実世界において転機とは、映画や漫画のようにドラマチックに訪れるものではない。たいてい、もっと泥臭いものだ。

僕がJPLで苦闘していた頃、最初は小規模なチームだったマーズ2020の規模が徐々に大きくなり、ついに僕にチャンスが回ってきた。着陸地の選定の仕事だ。デスコープされてしまった研究がマネージャーの耳に入ったようで、僕か、別のもう一人のどちらかにこの仕事が与えられることになった。

ほどなくして、マーズ2020のマネージャーたちへプレゼンテーションをすることになった。今度こそ絶対に機会を逃すまいと思った。夜や週末にシミュレーションを改良し、何十時間もかけてスライドを準備し、言うことを全て覚えてしまうまで鏡の前で練習した。いつもはTシャツとサンダルで出勤していたが、この日ばかりは襟のついたシャツと磨いた革靴を身につけて臨んだ。

プレゼンは、完璧に決まった。

数週間後にモンタナ州で学会があった。学会中に居合わせた部長から、僕にその仕事が与えられたことを告げられた。途方もなく嬉しかった。抱き合う相手はいなかったが、心の中で飛び跳ねて喜んだ。今までまったく噛み合ってなかった歯車が、やっと回り出した感じがした。

なぜ、着陸地点の選定が大事なのか。想像してほしい。あなたが宇宙人旅行者で、地球のただ一ヶ所だけを訪れることができると言われたら、どうやって選ぶだろうか？　火星は広大で、多様だ。地球の海洋生物を調べにきた宇宙人がサハラ砂漠に着陸してしまっては目的を達成できない。同様に、火星ミッションも目的に合う着陸地を慎重に選ぶ必要がある。ここで問題になるのは、火星のどこにでも行けるわけではないことだ。まず第一に、着陸できる場所に制限がある。火星は大気が薄いので、標高が低い場所でないと、パラシュートで十分に減速する前に地面に激突してしまうからだ。第二に、ローバーの走行性能も限られている。そして科学的に面白い場所は大抵、岩がゴツゴツしていたり起伏が激しかったりで走行が難しい。だから火星の着陸地点を選ぶ作業は科学的価値と工学的限界のせめぎ合いだ。数百人の科学者や技術者による数年に及ぶ議論を経て、徐々に候補地を絞っていく。

僕に与えられた仕事は、科学者が興味のある着陸地点がローバーの走行に適した場所かを解析することだった。用いるデータは、二〇〇六年より火星軌道を周回しているマーズ・リコネッサンス・オービターが撮影した、解像度なんと25㎝の衛星画像である。[*9]この画像を機械学習などで処理して地形タイプ、岩の密度、および地面の傾斜をマッピングし、経路設計アルゴリズムを走らせ、ローバーの性能の範囲内でミッションを達成できるかを調べる。

何十もの候補地から最後に選ばれたのは、「ジェゼロ・クレーター」（巻頭カラーiiページの写真）という場所だ。ジェゼロとはスラブ言語で「湖」の意味で、その名の通りこの直径45㎞のクレーターは昔は湖だった。そこへ二本の川が注いでいて、その河口に三十五億年前に形成された三角州が現在もきれいに残っている。この三角州が探査の主なターゲットだ。

ジェゼロ・クレーターが着陸地に選ばれた理由はいくつかある。第一が、過去に生命が居住可能だった可能性が高い場所であることだ。過去に湖だった。つまり水があった。地球では水のあるところには必ず命がある。そして第二が、過去の生命の証拠、つまりバイオシグネチャーが保存されている可能性が高いからだ。バイオシグネチャーとなる有機物は壊れやすい。とりわけ火星にはオゾン層も磁場もなく、紫外線や宇宙放射線が無防備に降り注いでいるから、地表に晒された三十五億年前の有機物はとうに分解されてしまっている。ここで鍵となるのが三角州だ。三角州は川が上流から集めた土砂が堆積してできた

＊9　実は、超高解像度の衛星写真を撮るのは地球よりも火星の方が簡単だ。火星は大気が薄いため、人工衛星は低い高度を飛ぶことができるからである。

ため、バイオシグネチャーが高密度で存在する可能性が高い。さらに、三角州の丘は現在も風により僅かずつ侵食されている。侵食が現在進行形で進んでいる三角州の縁に行けば、三十五億年のほとんどの期間地中で紫外線や宇宙放射線から守られ、最近（といっても数万〜数百万年のスケールだが）侵食によって地表に露出したばかりの地層がある。そこが三十五億年前のバイオシグネチャーが保存されている可能性が最も高い場所の一つなのである。

火星ローバーの自動運転

着陸地点の絞り込みが行なわれている間、さらなるチャンスが僕に巡ってきた。マーズ2020ローバーの自動運転機能を過去のローバーから大幅にアップグレードするというのだ。これは僕の専門のど真ん中で、自分で研究費を取って研究してきたテーマでもあった。なんとしてもこの仕事を取りたいと思い、陰に、陽に、様々な関係者にこれまでの業績をアピールして回った。その甲斐あって開発チームに滑り込むことができた。

現在では様々な民間企業が地球の路上での完全自動運転を目指ししのぎを削っている。実は、自動運転が「実用化」されたのは地球よりも火星の方が先だ。二〇〇四年にスピリットによって初の自動運転が行なわれて以降、走行距離を伸ばすために自動運転が常用されていた。とはいえその機能は限定的で、自動運転の距離は一日に数十m程度がせいぜい、走行速度も非常に遅かった。二〇一二年に着陸したキュリオシティに搭載されていた自動運転機能も基本的にはスピリットやオポチュニティと同じものだった。ところがマーズ2020ローバーは野心的なミッションの目的を達成するために、これまでよりも困難な地形を、より高速で移動する必要があった。そのために自動走行機能を大幅に強化することが、僕に与えられた仕事だった。

火星での自動運転は地球にはない難しさがある。その第一は、道なき道を走らなくてはならないことだ。舗装された道路も標識もない。そしてもし岩に乗り上げて動けなくなっても、誰も助けに行けない。だから絶対的な信頼性が求められた。第二は、搭載されているコンピューターの性能が非力なことだ。放射線耐性が求められる宇宙用のコンピューターは選択肢が限られていて、マーズ2020ローバーはRAD750という、一九九〇年代後半に開発されたCPUをメインのコンピューターに使っていた[*10]。現代のスマートフォンのコンピューターよりもはるかに非力だ。そんなコンピューターの上で最新鋭の自動運転アルゴリズムを走らせるには、様々な工夫が必要だった。

自動運転の開発は二年以上に及んだ。アルゴリズムを設計し、数万行のコードを書き、ロサンゼルスの熱い夏に屋外で毎日のように試験用ローバーを走らせテストをした。最初

＊10　僕くらいの年代の人は、当時アップルが発売した、カラフルで丸々としたフォルムのマッキントッシュを覚えているだろうか。あのマックに使われていたCPUの宇宙版がRAD750である。

はもちろん失敗の連続で、数えきれない試行錯誤を重ねながら要求以上の性能と信頼性を実現した。火星ローバーに搭載されるコードを書いたことは、これまでの人生でもっとも誇りに思う仕事となった。子供に自分の仕事を説明するときも必ずこの話をする。もちろん、僕が書いたのは膨大な量のフライト・コードのほんの僅かな部分でしかなかったが、それでも紛れもなく自分が作ったものが火星に行ったのである。

「忍耐」という名の夢

ローバーの開発と試験がほぼ完了し、打ち上げを待つばかりとなった二〇二〇年初頭、世界は未曾有の事態に直面する。そう、コロナウイルスによるパンデミックである。JPLでも即時に全員が自宅勤務となった。しかし、二〇二〇年夏のローンチ・ウィンドウを逃したら、次に打ち上げの機会が巡ってくるまでに二年二ヶ月も待たなくてはならない。ハードウェアの作業が必要な人のみ厳重な対策の上で出勤が許され、その他のチームメンバーは遠隔でできる限りのことをした。

アメリカがパンデミックに襲われる数週間前の三月五日、マーズ２０２０ローバーの名前が発表された。２万８，０００もの応募があった作文コンクールから選ばれたのは、ヴァージニア州の中学一年生だったアレクサンダー・メイザー君が選んだ「パーサヴィアランス」という名前だ。「忍耐」という意味である。以下がアレクサンダー君の作品の和訳だ。

キュリオシティ（好奇心）。インサイト（洞察力）。スピリット（魂）。オポチュニティ（チャンス）。これら全ての過去の火星ローバーの名は私たち人間としての本質である。私たちは常に好奇心にあふれ、チャンスを求める。私たちには月や火星やその先を冒険する魂と洞察力がある。しかし、ローバーの名が人類の本質を表すならば、もっとも重要なものがひとつ欠けている。忍耐力だ。人類は進化の過程で、どんなに過酷な状況にも適応する術を学んだ。我々は冒険する種族であり、火星への旅路は多くの困難に直面するだろう。しかし我々は耐え抜く。国としてではなく人類として、我々は決して諦めない。人類は常に未来に向けて忍耐するのだ。

忍耐。人類にとって未曾有の困難の只中に地球を飛び立つローバーに、これほどふさわしい名前はなかろう。アレクサンダー君の素晴らしい作文はあたかもコロナを予期していたかのように読めまいか。

二〇二〇年八月。世界中の人々が自宅から見守る中、パーサヴィアランスは強力なアトラスVロケットに乗り、ケープ・カナベラル空軍基地からフロリダの青空へ向けて飛び立った。そして漆黒の惑星間空間を六ヶ月間飛行し、目的地の赤い惑星に到着した。

二〇二一年二月十八日。運命の着陸の日、JPLのコントロール・ルームには、過去のローバーの着陸時と同じように、揃いのポロシャツを着て頭にヘッドセットを装着したエンジニアたちが、コンソールの前に二列に座っていた。違うのは、全員がN95マスクをしていたことだ。

ローバーが火星の大気圏に突入し、「恐怖の7分」が始まった。これ以降、地球のエンジニアたちにできることは一切ない。全ては自動で事が進む。成功するか。失敗するか。ただ固唾をのんで見守るのみだ。

テレメトリーを読み上げる女性はスワッティ・モハン。僕の学生時代のクラスメイトだ。その声は冷静ながらも緊張に満ちている。

「速度毎秒90m。高度4.2㎞。ランダー・ビジョン・システムが有効な解を見つけました。」

アナウンスの声の裏で拍手が響く。拍手の音にすら、どこか緊張が感じられる。

「火星表面から高度300m。一定速度降下を開始。これからスカイクレーン・マニューバーを行います。」

ここからが最も難易度の高い場面だ。

「高度20m。」

約10秒の沈黙。

それは10分にも、

10時間にも感じられた。

そしてスワッティは興奮混じる上ずった声で世界に向けて宣言した。

「タッチダウン確認！」

その瞬間コントロール・ルームは歓喜に沸き、エンジニアたちは飛び跳ねて喜んだ。

その時、僕は自宅にいた。着陸担当のスタッフ以外は入構が制限されていたからだ。それでも僕は揃いのポロシャツを着て、同僚たちとウェブ会議で繋がりながら、ストリーミングを固唾をのんで見守っていた。そしてコントロール・ルームが歓喜に沸いた瞬間、僕も自宅のリビングで飛び跳ね、そばにいた娘を抱きしめた。

僕の体は画面のこちら側にあっても、心はミッションの一員として画面の向こう側にあった。コロナで仲間たちは物理的に離れていても、僕たちの気持ちは涙を流しながら飛び跳ね、抱き合っていた。

人生の夢がひとつ、叶った。

僕だけではない。この瞬間のために、何十年にもわたって、どれだけの人が忍耐を重ねてきたことだろう。もちろん、忍耐さえすればどんな夢も叶うわけではない。叶う夢よりも叶わない夢の方が多い世の中だ。でも、忍耐なしにはどんな夢も叶わない。そして大きい夢ほど、叶えるのには長い時間がかかる。

こうして「忍耐」という名のローバーは、人類の夢を乗せ、火星の大地へと踏み出した。

ジェゼロ・クレーターの旅

着陸後から現在に至るまで、僕はローバーのオペレーターとして日々の走行の解析とプランニングに携わっている。最初の頃はコントロール・ルームは厳戒態勢で、全員がN95マスクをしながら一日最大10時間にも及ぶシフトをこなしていた。さらに最初の二ヶ月強は「火星時間」のシフトが敷かれた。火星の一日は地球より少し長い24時間40分である。ローバーも人間と同じように、昼間に活動し、夜は休む。そこで運用の効率を最大化するため、地上のスタッフも火星時間に合わせて寝起きしローバーを運用していた。

つまり、毎日仕事が始まる時間と終わる時間が40分ずつ遅くなる。毎日40分ずつ寝坊できると思えば楽に感じるかもしれないが、僕の場合は娘が学校に行くため毎朝六時半に起きなくてはいけない。家庭では地球時間、職場では火星時間の「二重生活」はかなり大変で、しかもこの時期は土日もシフトがあった。みんな限界スレスレで頑張っていたし、家族にも多くの負担をかけてしまった。しかしあの怒涛の二ヶ月は振り返れば良い思い出で、若い頃のヤンチャを懐かしむような気持ちで仲間たちともよく話をする。

あれから三年が経過し、本書新版執筆時点ではパンデミックもほとんど過去のものとなった。勤務は地球時間に戻り、土日のシフトもなくなって、マスクをして出勤する人は少数派になった。その間、ローバーは24.89㎞を走行し、23本のサンプルを採取するとともに、数限りない科学的発見を行なった。その旅を、一緒に追体験しよう。

二〇二四年現在までの旅路は四つのフェーズに分けられる。着陸から約一年の「クレーター・フロア・キャンペーン」、次の九ヶ月の「三角州フロント・キャンペーン」、約八ヶ月間の「三角州上キャンペーン」、そして現在進行形の「縁キャンペーン」である。

次ページの図にジェゼロ・クレーターの地図とこれまでのローバーの軌跡を示す。着陸したのは三角州の縁から南東に2㎞ほど離れた地点だった。この場所と三角州の間にはセイターと呼ばれる走行が困難な砂地がある。目的地の三角州に行くには、セイターの北側を反時計回りに迂回するルートと南側を時計回りに走るルートがあり、そのどちらを選ぶ

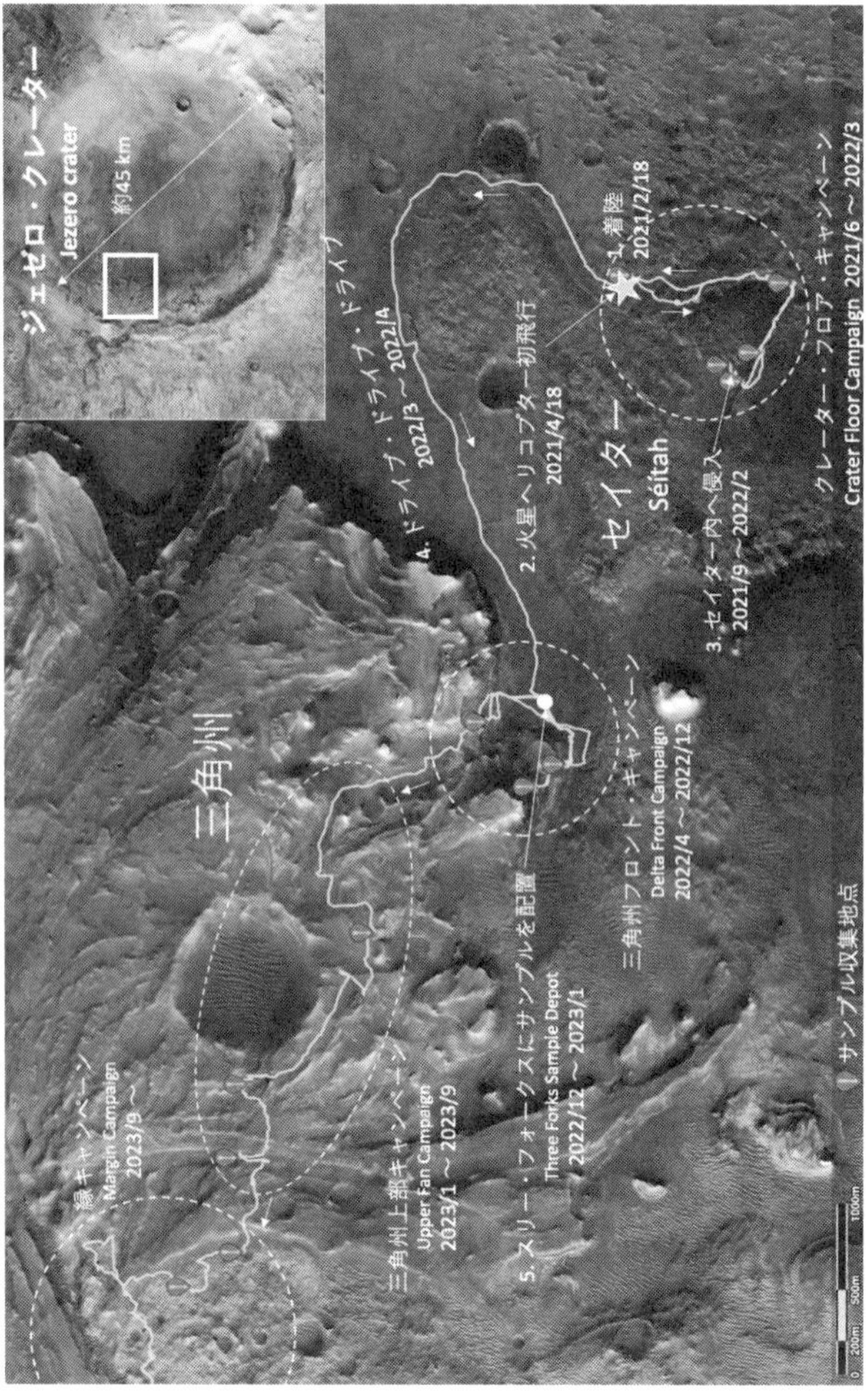

Credit: NASA/JPL/UArizona

かで議論があった。北ルートの方が安全で確実だが、南ルートの方が科学的価値が高かった。しかし南ルートで三角州に至るには、セイターの砂地を500mから1㎞にわたって横断する必要があり、その安全性が問題だった。

結論は、北ルートと南ルートの双方の「いいとこ取り」をすることになった。それを可能にしたのが、僕が開発に携わった高度な自動走行だ。

まず、自動走行を含むローバーの各機能のチェックをしながら南に向かう。サンプルを採取し、様々な科学的調査を行なったのちに着陸地点まで引き返し、自動走行をフル活用して高速で北ルートを駆け抜けて三角州に至る。これが最初の一年の「クレーター・フロア・キャンペーン」となった。

そのハイライトは、二〇二〇年の年末から二〇二一年年始にかけ、パーサヴィアランスがセイターの内側に150mほど侵入しサンプル採取を行なったことだ。そこにはジェゼロ・クレーターの最も古い地層が露出しており、このクレーターの成り立ちと、火星に生命が存在したかもしれない過去の環境を知る手掛かりを得ることが期待された。砂地に足を取られないよう、走行は細心の注意を払って計画された。

この場所は過去に湖の底であったことから、土砂が湖底で積もって固まった堆積岩でできていることが予想されていた。ところが驚いたことに、見つかったのは溶岩が冷えて固

火星ヘリコプター「インジェニュイティ」と、その火星初飛行の様子
Image credit: NASA/JPL-Caltech

まった火成岩だったのだ。そしてその後に水の作用で変性した証拠も見つかった。しかし、なぜ湖底であったはずの場所に堆積岩がないのか。それは謎のままだ。どうやらジェゼロ・クレーターは想像よりも複雑な歴史があったようだ。いくつかの岩から有機物、つまり炭素を含む分子も検出された。この有機物が何なのか。そしてそれは生命の存在を示唆するものなのか。それを知るには、サンプルが地球に帰ってくるまで待つ必要がある。

まさにそのためのサンプルリターンなのだが、どんな土や岩でもいいわけではない。まず、砂や転がっている石ころよりも岩盤からくり抜いたサンプルの方が圧倒的に科学的価値が高い。地層の構成などからその岩の成り立ちを再構成できるからだ。例えるならば、岩盤は三十五億年から四十億年の歴史を記録した本であるのに対し、砂や石ころは破け散ったページの断片のようなものである。さらに、それぞれの岩盤には異なる情報が書かれており、持ち帰れるサンプルの数には限りがある。その情報の取捨選択は長い議論を経て非常に慎重に行なわれた。

もう一つ、ミッションの初期で特筆すべきことがある。異世界初の動力飛行である。火星には地球のわずか2％程度の濃度だが、飛ぶのにギリギリ足りる大気がある。パーサヴィアランスは小型ドローンを旅の供として腹に抱え連れて行った（前ページおよび巻頭カラーiiページの写真）。この重さわずか1．8kgの2枚翼ドローンは、創造力を意味する「インジェニュイティ」と名付けられた。着陸から43火星日目の四月三日にパーサヴィアランスから分離され、四月十九日、人類史上はじめての地球以外の世界での飛行に成功した。高度わずか3m、滞空時間39秒の短い飛行だったが、人類の火星探査史に永遠に残るだろう。なぜなら、「世界一」はいずれ塗り替えられるけれども、「史上初」は未来永劫塗り替えられないからだ。

インジェニュイティの成功の裏にはちょっとしたストーリーがある。僕がインターンの時に研究を指導してくれたボブ・バララムというベテランのエンジニアは二〇〇〇年代初頭に火星ヘリコプターの研究をしたが、研究費が尽きてお蔵入りとなった。それから十年ほど経ったある時、JPLの所長がドローンのデモを見て、ふと思いつきで「火星でも飛

火星の地面に残されたサンプル・チューブ　Credit: NASA/JPL-Caltech/MASS

ばせないか」と聞いた。その場にいた誰かがボブの昔の研究のことを話すと、数週間後、所長はボブに研究費を渡し、プロジェクトがスタート。それが火星初飛行として結実した。

当初、インジェニュイティは30火星日だけ稼働し、五回の飛行のみを行う計画だった。その後、ミッションは延長され、三年弱にわたってパーサヴィアランスと共にジェゼロ・クレーターを旅した。

さて、話をパーサヴィアランスに戻そう。クレーター・フロア・キャンペーンが完了し、連日時間と電力の許す限り自動走行で三角州を目指して疾走した。「ドライブ・ドライブ・ドライブ」と内輪で呼んだこの一ヶ月が、走行担当の僕にとっては一番楽しかった時期だ。大きなトラブルもなく、僕の自動走行アルゴリズムは幾度も火星での一日あたり最長走行の記録を更新した。

そして第二のフェーズ、三角州フロント・キャンペーンが始まった。先述したように、ここがバイオシグネチャーの見つかる可能性が最も高いと考えられている場所の一つである。三角州の縁は傾斜が20度にもなる斜面で、そこを登ったり降りたりしながら、バイオシグネチャーが保存されている可能性が高そうな堆積岩を探し、9本のサンプル採取を行なった。その成果については近日中に論文に発表される予定である。

第二フェーズの終わりにローバーは三角州の丘を降り、スリー・フォークスという平坦な場所に10本[*11]のサンプルチューブを残していった。先に書いたように、サンプル・リトリーバル・ランダーの到着前にパーサヴィアランスが動けなくなってしまった場合のためのリスク・ヘッジである。

それが終わるとパーサヴィアランスは再び坂を登り、第三のフェーズ、三角州上部キャンペーンが始まった。過去の火星の川が運んできた岩や土砂から成る三角州の上を走り、複数のサンプルを採取した。

そして二〇二三年九月より、第四のフェーズ、縁キャンペーンが始まった。過去の川の流れを遡るように走り、クレーターの縁を目指している。ここはかつて湖岸があった場所と考えられており、そこには、バイオシグネチャーが保存されている可能性がある炭酸塩鉱物を含む岩が衛星データから見つかっている。

＊11　9本のサンプルが入ったチューブと、1本の空っぽのチューブが置かれた。この空のチューブは witness tube と呼ばれ、サンプルチューブが地球由来の物質で汚染されていないかを確認する目的がある。

この間、悲しい別れがあった。二〇二四年一月に行なわれたインジェニュイティの72回目の飛行の際、機体が大きく振動し、緊急着陸をした。その際に何らかの原因でプロペラが破損してしまったのだ。パーサヴィアランスは3年弱にわたって連れ添った旅の供に別れを告げ、過去の湖岸を目指して旅を続けている。

パーサヴィアランスが火星に着陸する少し前、NASAは火星サンプルリターン計画をミッションとして正式に承認した。パーサヴィアランスが集めた岩を地球に持ち帰るミッションである。何十年にもわたる科学者たちの熱意がついに実ったのである。現在、その開発がJPLを含む複数のNASAセンターで進められている。

まだ火星時間で勤務していた頃、夜のシフトの休憩時間に外の空気を吸いに出るのが好きだった。理由の一つは臭くて息苦しいN95マスクを外すため。もう一つは、夜空に輝く火星を見るためだった。ほんの数分前までコンピューター画面に映し出された火星の大地を間近に見ながら作業していたのに、夜空の火星はほんの小さな赤い点でしかなかった。124年前にゴダードが桜の木の上から見上げ、「火星へと昇っていくことのできる機械を作ることができたら」と夢想した。その時と変わらない姿の火星がそこにあった。あの小さな、小さな赤い点の中を、僕たちが作った「機械」が今現実に走っていて、広大な宇宙空間を超えて写真やデータがたったの数時間で僕のパソコンに届く。ちょっと考えると信じられない気分になった。

ゴダード博士、聞こえますか？　あなたが過去に見た夢は今、現実となったのですよ。

氷惑星の生命探査

人類は既に火星の先を見据えている。前章に書いたように、木星以遠には氷でできた衛星がたくさんあって、そのいくつかは地下に液体の水を湛える海がある。地球外生命探査の観点でとりわけ注目されているのが、木星の衛星エウロパと、土星の衛星のタイタン、そしてエンケラドスである。

二〇二三年、欧州宇宙機関（ＥＳＡ）はJupiter Icy Moons Explorer、略してＪＵＩＣＥ（ジュース）という探査機を打ち上げた。日本もこの計画に参加している。ＪＵＩＣＥは二〇三一年に木星に到着したのち、その衛星のガニメデ、カリスト、エウロパをフライバイし、最終的にガニメデの周回軌道に入る。

一方のＮＡＳＡはエウロパ・クリッパーという探査機を二〇二四年十月に打ち上げる予定である。「クリッパー」とは十九世紀に世界の大洋を航海した快速帆船のことだ。ＪＵＩＣＥより少し早く二〇三〇年に木星を回る軌道に乗り、五十回近くにわたってエウロパ

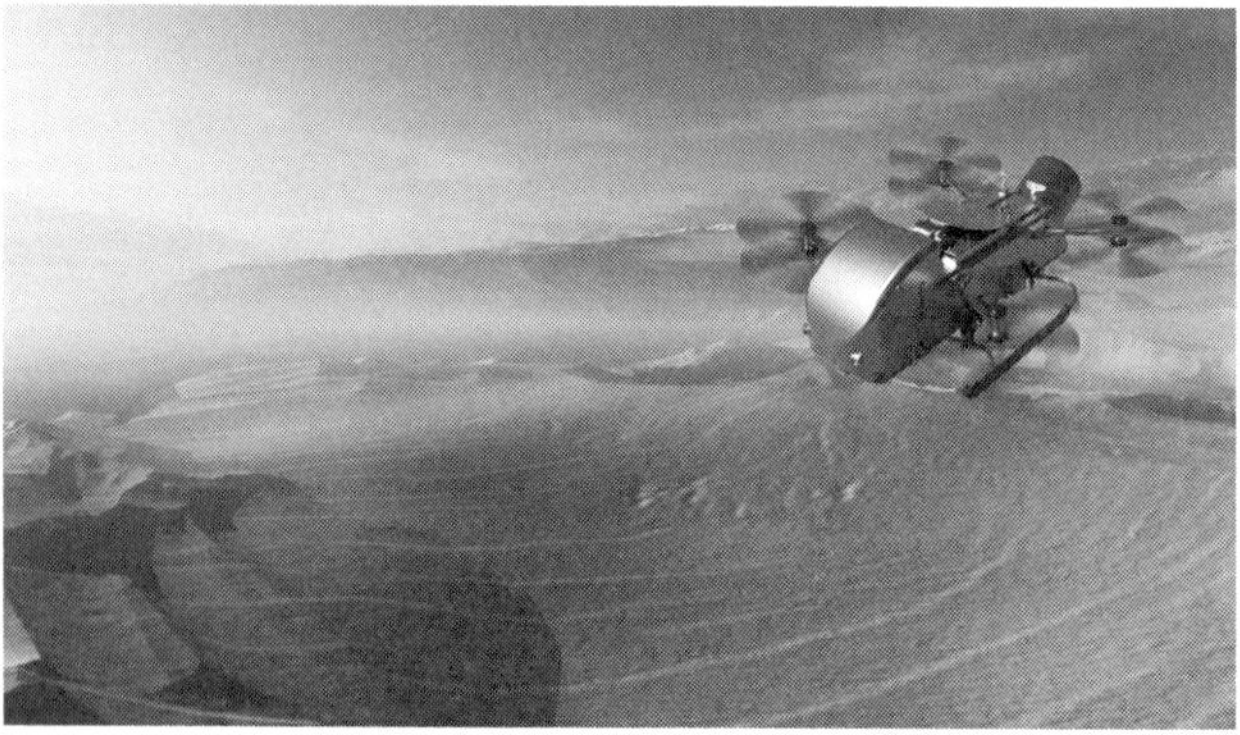

タイタンの空を飛ぶドラゴンフライの想像図　Credit: NASA/ Johns Hopkins APL

をフライバイして観測する。氷透過レーダーなどを用い、エウロパの氷殻とその下にある海について調べる予定である。

さらにエキサイティングな計画が土星の衛星タイタンを目指して進んでいる。英語でトンボを意味する「ドラゴンフライ」と名付けられたドローンを、タイタンの空に飛ばす計画だ。タイタンには地球よりも濃い大気があり、しかも重力は六分の一なので飛ぶのは簡単だ。ドラゴンフライは二年間にわたって数百㎞を飛行し、様々な場所で地表の化学組成を分析して、生命発生の前段階の化学的進化を調べたり、バイオシグネチャーを探したりする。打ち上げは二〇二八年、タイタン到着は二〇三四年に予定されている。

打ち切られてしまった計画もある。二〇一八年二月に出版された旧版でエウロパ・ランダー計画

エンケラドス・オービランダーの想像図　Credit: Johns Hopkins APL

について書いた。エウロパに着陸し、地表の氷を掘ってバイオシグネチャーを探す構想だった。しかし同年十一月のアメリカ中間選挙でこの計画を支持していた議員が落選した影響で予算が打ち切られ、プロジェクトは中止されてしまった。国家予算による宇宙探査は政治の影響を避けられない。しかし科学探査は金銭的利益を求めるものではないため、民間資金で行なうことも困難だ。ゴダードやフォン・ブラウンの時と同じように、宇宙の知的探究に立ちはだかる壁の一つはやはり、お金なのだ。

一方で、エンケラドス・オービランダーという新しい構想が持ち上がっている。「オービランダー」とはオービターとランダーを合わせた造語で、まずエンケラドスを周回し軌道上から観測した後、地表に着陸しバイオシグネチャーを探す。構想通り二〇三〇年代後半に打ち上げられれば二〇五〇年代前半に着陸するが、計画は遅れる見込みで、予算の壁が立ちはだかるかもしれない。

Journey to the Center of Icy Moons～氷底探検

軌道上からの観測でエウロパやエンケラドスの様々なことがわかるし、その氷の上に着陸してバイオシグネチャーを探すこともできる。だが、皆さんは思わないだろうか。氷の下にある広大な海を見てみたい、と。そこに何があるか、何がいるかを知りたい、と。それはきっと、かつて海を見ることを切望した少年ジュール・ベルヌと同じ思いだろう。

立ちはだかるのは、厚さ数十㎞にもなる分厚い氷の殻だ。一つの方法は、この氷を溶かしたり削ったりして氷の下へ潜っていくことだ。だが、この方法で数十㎞の氷を掘り抜くには膨大なエネルギーと時間が必要になる。

もう一つの方法がある。わざわざ人為的に穴を掘らなくても、既に自然が通り道を開けてくれていることを思い出してほしい。そう、前章で書いたように、土星の氷衛星エンケラドスの南極付近には氷の割れ目があり、そこから海水が蒸気となって噴出しているのだ(エウロパにも同様の蒸気噴出口がある可能性が示唆されている)。この穴の存在は、まるでエンケラドスが我々を地底の海へと招いているようにも思えないだろうか？

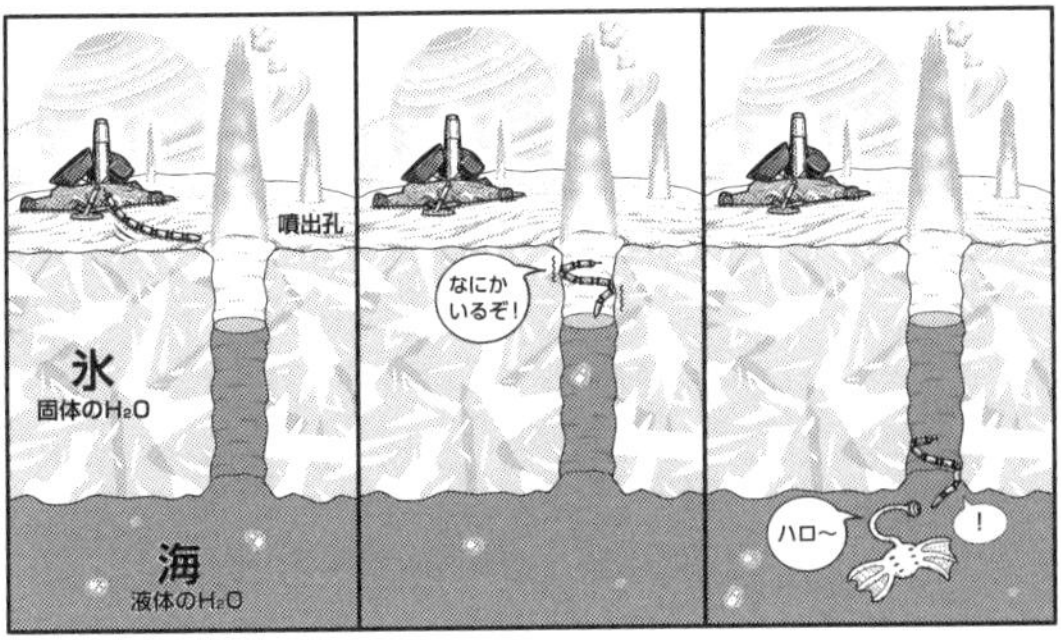

ヘビ型ロボットEELSによるエンケラドスの地底の海の探査のアイデア

二〇一六年に、僕のチームはエンケラドスの噴出口の中へロボットを送り込むアイデアを検討した。そこから出てくるジェットの強さやロボットが受ける風圧などを解析した結果、噴出口の直径が10㎝よりも大きければ、ロボットが下降することは物理的に可能であるという結論が出た。噴出口の直径は未知だが、カッシーニの観測によりエンケラドスからは毎秒300kgもの水が噴出しており、かつ100を超える噴出口があるらしいことがわかっている。その全てが直径10㎝より小さいとは考えにくい。ロボットが潜っていくのに適した噴出口がおそらくあるだろう。

では、どのようなロボットが、どのようにすればこの氷の穴を潜っていけるのだろうか？　僕たちは巻頭カラーivページにあるようなEELSという名のヘビ型ロボットを想像した。複数のモジュールを連ねた構造で、各モジュールの側面には螺旋状の刃がついており、これを回転させることで前後左右に進むことができる。前ページの図にあるように、EELSは氷の上を這い、適した穴の入り口を見つけ、中に入って降りていく。エンケラドスの重力は地球の六十分の一しかないため落ちることはあまり心配しなくてよいのだが、高速で噴出するジェットに吹き飛ばされないようにしなくてはいけない。そこで、忍者が壁と壁の狭い隙間を両手と両足を突っ張って昇り降りするように、ヘビのボディーを両側の壁に突っ張り、ジェットからの力に逆らいながら降下していく。

この想像を実現する第一歩として、僕たちは実際にEELSのプロトタイプを試作し、エンケラドスに似ている地球上の環境でテストを重ねた。

最初の試験は、JPLから車で10分のパサデナの街中にあるスケートリンクだった。夜十時から朝五時までリンクを貸し切り、EELSが平らな氷の上を難なく走行できることを確認した。

次に行なったのは雪山での試験だ。車で3時間ほどの場所にあるスキー・リゾートの厚意でゲレンデの一角を貸してもらい、雪で覆われた斜面や起伏のある表面でのテストをした。また、JPLが山の中に所有する天文台の敷地でも雪上の試験を行なった。EELSは傾斜35度もの雪で覆われた斜面を登ることに成功した。

雪のない季節はJPL内のマーズ・ヤードで繰り返し試験をした。エンケラドスに砂や岩はなかろうが、幅広い環境で稼働することを確認できれば、何があるかわからない未知の場所にも適応できる可能性が高まる。

僕たちが気づいたのは、力覚の重要性だ。たとえば人間は歩く時、足の裏が地面から受ける力を感じ取り、無意識のうちにその情報を使ってバランスを取っている。これを専門用語で力覚フィードバック制御という。たとえば、あなたは目を閉じても凸凹道を転ばずに歩ける。脳が無意識のうちに力覚フィードバック制御を使って手脚を動かしているからだ。逆にもし力覚がなければ、目が見えていても安定して歩くことは困難だろう。

ＥＥＬＳの最初のプロトタイプは力覚を持っていなかった。それが複雑な地形での移動や垂直移動を困難にしていた。そこで僕たちは、ＥＥＬＳの各モジュールに力とトルクを感知するセンサーを挟むことにした。プロジェクトのスケジュールに間に合わせるため、Ｈｅｂｉという会社が市販しているアクチュエーターを使った仮のロボットを作った。内輪でHebi EELSと呼んだこのロボットは、ヘビの真ん中を省いて電子機器を乗せた箱を設置したので、ヘビというより二本脚のクモのような形（巻頭カラーivページの写真）になったが、基本的構造はＥＥＬＳと同じである。

このHebi EELSロボットを用いて挑んだのが、プロジェクトの本丸、垂直方向の移動だった。最初はＪＰＬ内にある6畳ほどの広さの冷凍庫に垂直の氷の壁を作って試験したが、もっと現実に近い環境でテストする必要があった。そこで僕たちが選んだ最終テストの場所が、カナダのジャスパー国立公園にあるアサバスカ氷河だった。

惑星アサバスカ

総勢約40名と2台のロボットから成るEELSチームがこの地に遠征したのは二〇二三年九月だった。テストを行うのは観光コースから外れた場所なので特別な準備が必要になる。特別なガイドを雇い、足にはアイゼン、手にはピッケルを持ち、頭にはヘルメット、腰にはハーネスを装着。麓のロッジから月面車のような氷上車で氷河へ向かった。

氷河の上は僕が知っている地球の風景とは隔絶した別世界だった。まるで別の惑星に来たような気分だった。氷上車の階段を下り、はじめて氷河の上に足を踏み出した時の圧倒的な感情は、きっとニール・アームストロングがはじめて月面に最初の「小さな一歩」を踏み出した時の感情と似ていたと思う。

氷河は平らな氷の塊ではない。至る所に流水が彫った「ムーリン」と呼ばれる縦穴があり、その深さは数十mにもなる。おそらく地球上でもっともエンケラドスの噴出孔に似た場所だろう。ここが、Hebi EELSの垂直移動のテストの舞台である。

テストの期間は二十日間。最初の四日間は人員輸送、トラックの荷下ろし、ベースキャンプの設営、そしてヘリコプターによるロボットの氷河への輸送に費やされた。氷上での試験は困難を極めた。寒さと強風が体力と判断力を奪う。ムーリンに滑落すれば命はないから安全に細心の注意を払う必要がある。実験室では10分でできることが氷上では1時間を要する。

試行錯誤の繰り返しだった。EELSをロープに吊り下げ、慎重にムーリンの中へ下ろし、電源を入れる（巻頭カラーⅳページの写真）。EELSは両腕を拡げ、忍者のように両側の氷壁に突っ張る。そして徐々にロープを緩める。これに成功すれば、ロボットは垂直の氷壁で自重を支えることができたということだ。そして側面の螺旋の刃を回転させ垂直方向へ動こうとすると……。

「ガシャン!!」

大きな音と共にEELSが滑り落ち、ロープに宙吊りになる。ため息とともに非常停止ボタンが押される。

やはり鬼門は力覚フィードバック制御だった。冷凍庫内の人工の氷壁では難なく動作したのに、自然が作った複雑な氷面では簡単には動かない。もちろん、それこそがはるばるカナダまで来た理由だ。ここで動かなければ、エンケラドスで動くはずはない。時間はどんどん過ぎた。問題に対処するため、メンバーたちは手袋を外し、かじかむ手でキーボードを叩きプログラムを修正した。夜はホテルの部屋での突貫作業だった。

十五日目。撤収に数日を要するので、氷上試験に残された時間はあと二日だ。この日も失敗を繰り返すうちに夕方になり、あと一回の実験を行う時間を残すのみとなった。

クレーンで慎重にEELSをムーリンの中へ下ろす。ロボットが異世界の入り口へ入っていくような気がする。

起動。自重支持に成功。

「力覚フィードバック制御オン、3、2、1……」とオペレーターがアナウンスする。ロボットは安定している。プログラムの修正はうまくいったのか。

「垂直降下開始まで、3、2、1……」チームに緊張が走る。

EELSの螺旋の刃はメリメリと氷に食い込みながら、力強く回転を始めた。

10㎝。20㎝。ロボットは安定している。いいぞ！　いいぞ！

50㎝。1m。力覚フィードバック制御は起伏に見事に順応し、6個のスクリューを氷面に押し当て続けている。
1.4m。1.5m。ガシャン！！！！！

最終的に滑落するまで、１．５ｍにわたってＥＥＬＳは垂直のムーリンを完全自動降下することに成功した。僕が知る限り、史上初の快挙である。チームは喜びに沸いた。その場で雄叫びをあげガッツポーズを取る人もいれば、隣にいるチームメイトとブクブクに着込んだスキーウェアの上から抱き合う人もいた。皆の顔は達成感にあふれていた。火星ローバーの着陸の瞬間のようだった。

もちろん、エンケラドスの地底の海はまだまだ遠い。技術的課題は山ほど残っている。だが、垂直の氷壁をロボットが降下することが可能であると実証するのに十分な成果が得られたと思う。一台のロボットにとっては小さな１．５ｍだったが、人類にとっての大きな飛躍に繋がるかもしれないのだ。

想像してみよう。遠い将来、ＥＥＬＳのようなロボットがエンケラドスの地底の海まで潜っていき、そこに命を発見した日のことを。

それはどんな生命だろうか？　もっとも可能性が高いのは、バクテリアや単細胞生物のような単純な生命だろう。だが、もし高等生物がいたら……つまり、タコや魚やクジラのような複雑な生命がいたら、どのような形をしているだろうか？

きっと目はないだろう。光が全く届かないからだ。イルカや潜水艦のようにソナーが目の代わりになっているだろう。食物連鎖の底辺は、太陽エネルギーを利用する植物ではなく、化学エネルギーを求めて熱水噴出孔に集まる微生物だろう。それらは酸素ではなく、硫化水素などを利用してエネルギーを得ているだろう。

可能性は低いが、もし仮に海の底に知的生命が文明を築いていたら？　彼らは光を知らない。人類が科学によって電波を「発見」したように、彼らは科学の発達の過程で光を「発見」するだろう。彼らは太陽も木星も土星も、もちろん地球も知らない。空に輝く満天の星も知らない。「空」という概念すらない。はじめて分厚い氷の外に出た勇敢な冒険者が、「光検出機」を頭上に向け、そこに広がる世界を知り驚嘆するだろう。やがて天文学が生まれる。彼らの天文学者は、太陽系の内側から三つ目の惑星が他とはだいぶ違うことに気づくだろうか？　氷に覆われていない海があることを知り驚くだろうか？　彼らは地球からの奇怪な形をしたロボットの来訪者を快く迎えてくれるだろうか？　それとも遠い未来……あるいはもしかしたら遠い過去に、地球を訪れる（た）ことがあるのだろうか？

アサバスカ氷河での1．5ｍは、ゴダードによる世界初の液体燃料ロケットの12ｍの飛行と比べられよう。ここからエンケラドスまでは長い、長い道のりだ。そして喜びと共にパサデナに戻った僕たちには、シビアな現実が待っていた。今回の研究費はあと半年で切れる。金の切れ目が技術の切れ目だ。だから僕は今、ゴダードやフォン・ブラウンと同じように金策に奔走している。NASAやJPLだけではなく、民間企業や軍にも当たっている。もしかしたら僕が現役のうちには実現しないかもしれない。でも、間違いなくいつか、誰かが現実のものにしてくれるだろう。なぜなら、命を宿しているかもしれない異世界の地底の海を見てみたいというイマジネーションが、すでに多くの人たちの心に感染し広がっているからだ。もしかしたらそれは、この本を通してあなたの心にも入っていったかもしれない。

我々はどこから来たのか？

もし人類が地球外生命に遭遇したら。それは史上最大の発見の一つとなり、文明が存在する限り歴史に記憶されるだろう。ニュートンの万有引力、ダーウィンの進化論、ワトソンとクリックのDNA二重らせん構造とも並び称されるだろう。そんな大発見が向こう数十年でもたらされる可能性があるのだ。我々はすごい時代に生きていると思わざるを得ない。

もし人類が地球外生命に遭遇したら、「我々はひとりぼっちなのか」という問いは否定的に解決されることになる。またそれは「我々は何者か」「我々はどこから来たのか」を知るヒントにもなると先に書いた。なぜ地球外生命の発見が、これらの問いへのヒントとなりうるのだろうか？

これらはつまり生命の起源についての問いだ。約四十億年前の原始地球に、いかにして命は芽を出したのだろうか？　その瞬間にカメラが回っていたら便利だがそんなわけはない。地球は地質学的に「生きて」おり、プレートテクトニクスや雨風の浸食で地表が常に更新されているから、四十億年前の記録はほとんど残っていない。

むしろ、手掛かりは我々自身の中にあるかもしれない。非常に興味深いのは、地球に「レゴ・システム」が一つしかないことである。おもちゃ屋に行けば各社がレゴに似た多様なブロック・システムを売っている。しかし地球にはたった一つの「レゴ・システム」しかない。少し考えるとこれは不思議ではないか？　現代の多くの科学者は、生命が非生命から化学的プロセスで自然発生したという「化学進化説」を受け入れている。もしそうならば、たとえば自然にできる岩が様々な形をしているように、様々な種類の「レゴ・システム」が発生してもいいのではなかろうか？　たとえば、D型アミノ酸とL型アミノ酸を用いる二つの「レゴ・システム」が地球上に共存していて、モンタギュー家とキャピュレット家のように交わることのない二つの生命の系統樹を成していてもよかったのではなかろうか？

僕は、これを説明する仮説はおよそ四つあると思う。第一は、生命の発生は非常に確率が低い現象である、という仮説だ。宝くじの1等が二度当たることはほぼありえないように、地球ではただ一度しか生命が発生しなかったのかもしれない。すると、我々は天文学的偶然の産物、ということになる。

第二は、過去に様々な「レゴ・システム」が発生したが、源氏が平家を滅ぼしたように、一つの系統が他を駆逐したという仮説である。もしそうならば、我々は壮絶な生存競争を勝ち抜いた種族の末裔なのだろうか。

第三は、自然発生する生命をこの特定のレゴ・システムに限るような何らかのメカニズムがある、という仮説だ。たとえば自然にガスが集まってできる星が重力の法則で必ず球形になるような、何かしらの物理的・化学的メカニズムがあるのかもしれない。すると、我々は宇宙に普遍的な現象の一事例ということになる。

第四は、生命が隕石などにヒッチハイクして宇宙からやってきたという仮説だ。これはパンスペルミア仮説と呼ばれる。海の向こうからやってきたヤシの実が孤島の砂浜で芽を出すように、宇宙から流れ着いた「種」が地球で芽を出したのかもしれない。これは地球上での生命の起源の問題を宇宙に外部委託する仮説と言える。つまり、宇宙最初の生命はどこで発生したのか、そしてそれがなぜこの「レゴ・システム」なのかという問題は残る。

すると、我々は宇宙のどこかわからない場所からやってきた漂流者の末裔ということになるだろう。

　我々は偶然なのか、必然なのか。我々は地球で生まれたのか、宇宙から来たのか。四つの仮説は今のところ、どれも否定も肯定もしようがない。だが地球外生命探査を進めることで、どの仮説がより真実である可能性が高いかわかってくるかもしれない。

　たとえば、火星やエンケラドスで生命が見つかり、それが地球とは全く異なる「レゴ・システム」でできていたとしよう。すると、第二の仮説、つまり様々な「レゴ・システム」が生まれたが競争により一つが生き残った、という仮説が説得力を持つように思う。偶然と環境的な要因の組み合わせにより地球ではこの「レゴ・システム」が生き残り、火星やエンケラドスでは他のシステムが生存競争を勝ち抜いたと考えられるだろう。

　では、もし火星やエンケラドスの生命が地球と全く同じ「レゴ・システム」だったらどうなるか。まず疑うべきは、探査機に地球の生命が混入していた可能性だ。地球の生命には驚くほど極限環境への耐性を持っているものがある。たとえばクマムシと呼ばれる体長1ミリに満たない生物は、乾燥すると脱水して「乾眠」と呼ばれる仮死状態に入る。二〇〇七年に欧州宇宙機関などが行なった実験では、乾眠状態のクマムシが十日間にわたって宇宙空間に直接晒された後、乾眠から蘇生した。また、アポロ12号が二年半前に月に着陸

＊12　ただし、この結果には異論もある。
＊13　そのような生物については以下の本が親しみやすく解説している：堀川大樹『クマムシ博士の「最強生物」学講座—私が愛した生きものたち—』

していた無人探査機の部品を持ち帰ったところ、バクテリアの一種が生存していたのが見つかった。[*12] このように極限環境に耐性のある地球の生物[*13]が探査機に紛れ込み、火星やエンケラドスへの長い旅を生き抜いて、間違えて「地球外生命」として検出されてしまう可能性がある。

もしそのような可能性が排除され、地球外生命は真正のもので、しかもそれが地球生命と全く同じ「レゴ・システム」を持っていたならば、おそらく第三または第四の仮説が説得力を持つことになるのではないか。つまり、何らかのメカニズムにより生命はこの「レゴ・システム」に限られるという仮説か、生命が宇宙由来であるという仮説である。もし仮に後者だったら、我々はどこから来たのだろうか？　もしかしたら火星で生まれた生命が隕石に乗って地球に来たのかもしれないし、その逆かもしれない。あるいはもしかしたら、空気中に舞うタンポポの綿毛のように、宇宙に満遍なく「生命の種」が漂っていて、[*14]それが地球や火星、エンケラドスに落ちて芽を出したのかもしれない。

ではもし、どこにも地球外生命がいなかったら？　もちろん、火星やエンケラドス以外の世界にいるかもしれない。太陽系外にいるかもしれない。だから人類は探し続けるだろう。それでも、銀河をくまなく探してもどこにも見つからなければ？

我々は徐々に、第一の仮説、すなわち生命は途方もない偶然であるという仮説と、自ら

＊14　この仮説を検証するため、「たんぽぽ計画」という名の日本のプロジェクトが国際宇宙ステーションにおいて行なわれた。

の絶望的な孤独を、受け入れざるを得ないだろう。荒涼たる宇宙に生まれた生命の奇跡を実感し、それをもう少し大事にすることを覚えるかもしれない。

我々は何者なのか？
我々はどこから来たのか？
我々はひとりぼっちなのか？

もちろん、その答えを知ったところで、誰の暮らしも物質的に豊かにはならない。スマホの機能が充実するわけでもなく、車をより安く買えるようになるわけでもなく、あなたの貯金が増えるわけでもなく、飢えた子供を救えるわけでもない。その答えを追うことは無意味だろうか？　もし無意味と断ずるならば、地球に留まり、物質的豊かさのみを追求するのもまた人類の生き方だと思う。

でも、僕は知りたい。あなたも知りたくはないだろうか？　なぜ知りたいのか、と問われれば困るかもしれない。旅に出たい衝動と似ているかもしれない。心の奥深くで何かが「行け」と囁くのだ。きっと人類の集合的な心の奥深くでも、何かが囁いているのだ。「行け」と。あの「何か」が。

きっとまだ人が科学を知るはるか以前から、人は星空を見上げて自らに問うてきたのだ。我々は何者なのか、我々はどこから来たのか、と。そして人はイマジネーションの中で気づいていたのだ。その答えが、星空の中にあることを。

生物汚染のジレンマ

ひとつ、地球外生命探査における大きな困難がある。地球から持ち込んだ微生物によって異世界を汚染してしまうリスクである。先述のように、地球の生命には極限環境への優れた耐性を持つものがある。そしてもしそれが探査機に付着して火星やエウロパやエンケラドスに持ち込まれ繁殖してしまったら、現地の生態系を破壊してしまうかもしれないし、生命を発見してもそれが地球外生命なのか地球の生命なのか区別がつかなくなってしまう。そうなると、人類史上最大の発見への扉を、自ら閉ざしてしまうことにもなりかねない。一度汚染してしまったら永遠に元に戻すことはできない。

人類は大航海時代に苦い経験をした。この時代にヨーロッパ人が植民地の原住民に対して働いた横暴の数々は、書くまでもなくご存じだろう。だがあまり知られていないのは、原住民の犠牲者のうち、銃と剣によって殺された者の比率はわずかであるという事実だ。

最大の殺戮者はヨーロッパ人が意図せず持ち込んだ病原菌だった。新大陸の原住民は旧世界の病原菌に対して全く免疫を持っていなかったため、パンデミックが起こったのである。たとえば、ヨーロッパ人の到着前に2000万人いたメキシコの人口は、天然痘などの大流行により百年の間に十分の一以下の160万人にまで減少した。アステカ皇帝クイトラワクも犠牲者の一人だった。マンダン族インディアンのある集落では、ヨーロッパ人との接触後、やはり天然痘のため2000人の人口が数週間のうちに40人以下に減少した。南北アメリカ大陸全体で見ると、コロンブスのアメリカ大陸「発見」以降二百年以内に、疫病によって先住民の人口が95％減少したと推定されている。

逆に、新大陸から持ち込まれた病原菌が旧世界で「逆汚染」を引き起こした例もあった。たとえば梅毒はもともとアメリカ大陸にしか存在しなかったが、ヨーロッパに持ち帰られて一四九四年から大流行し、その二十年後にはユーラシア大陸を横断して日本にも到達した。梅毒は現在では治療法が確立しているが、過去には死に至る危険な病気だった。

人類は過ちから学ぶことができる。一九六七年、アメリカ、ソ連、日本など主要な宇宙開発国を含む百四カ国は宇宙条約に調印、批准した。第九条にこう定められている。

月その他の天体を含む宇宙空間の有害な汚染、及び地球外物質の導入から生ずる地球環境の悪化を避けるように月その他の天体を含む宇宙空間の研究及び探査を実施、かつ、必要な場合には、このための適当な措置を執るものとする。

この条項を受け、科学者の集まりである国際宇宙空間研究委員会（COSPAR）は「惑星防護ポリシー」を策定した。その骨子は、火星、エウロパ、エンケラドスなど生命探査の対象となる天体に探査機を送る場合に、生物汚染の確率を一万分の一[*15]以下に抑制するという基準である。

では、具体的にどのような惑星防護の対策が取られているのか。意外と単純だ。高温殺菌である。火星に着陸するＮＡＳＡの探査機は全てクリーン・ルームで組み立てられた後、１２５℃の釜に30時間入れられて高温殺菌される。その後はバイオシールドに入れられ、ロケット搭載時の細菌汚染を防ぐ。

火星サンプルリターンでは逆汚染の対策も必要になる。火星から持ち帰られたサンプルはバイオセーフティーレベル４の施設で厳重管理されることになっている。レベル４とは、エボラウイルスや天然痘ウイルスを扱うための最高度安全施設である。

では、有人探査の場合はどうするのか。人間は菌の塊だ。一人の体には40兆個もの細菌が住んでいると言われている。しかし、宇宙飛行士を１２５℃の釜に30時間入れたら、菌もろとも宇宙飛行士も死んでしまう。

＊15　なぜ一万分の一なのか。リスクをゼロにすることは、探査機を送り込むことを諦めない限り不可能だ。だがそれではやはり人類は地球外生命探査をできない。汚染のリスクと探査の必要性の現実的妥協点が、一万分の一だということだ。

ではどうすればいいのか。これはまだ結論が出ていない。必要なのはさらなる科学的調査と技術開発だ。リスクをコントロールするためには、異世界の環境で地球生物がどれだけ生きられるかの知見を深める必要がある。さらに、微生物を逃さない宇宙服や、排泄物中の微生物を確実に殺菌するトイレなども必要だろう。僕は有人探査における惑星防護も技術で解決可能な問題であると考える。大事なのは、そのための研究開発にしっかりと投資すること、そしてそれが未熟なうちに「見切り発車」しないことである。

火星植民に潜むリスク

では、火星植民はどうか。SpaceXのイーロン・マスクは今後十年程度で火星植民を始めると言っている。夢があるし、ワクワクするし、僕もできることなら生きているうちに火星に行ってみたい。

イーロン・マスクの宇宙開発への貢献はどんなに称賛してもしすぎることはない。彼は文字通り宇宙の民間時代を切り拓いた。そして長らく宇宙開発のボトルネックだった打ち上げコストを大幅に下げようとしている。彼の名は間違いなく、フォン・ブラウンなどと並んで宇宙開発の歴史に刻まれるだろう。そして彼の実行力からすれば、十年という目標はさすがに無理があるかもしれないが、いずれ近いうちに火星植民を実現してもおかしくはない。

だが、僕はイーロン・マスクの前のめりな姿勢にいくばくかの危機感を覚える。数万人が火星に移住するとなると、たった数人の宇宙飛行士に比べ、惑星防護ははるかに難しくなる。宇宙条約やCOSPARの惑星防護ポリシーに罰則はないが、無視していいものでは決してない。彼はちゃんと対策を考えているのだろうか？　惑星防護の研究開発に投資しているのだろうか？　リスクを適切に評価しているのだろうか？　逆汚染で地球を危機に陥れるリスクは考慮しているのだろうか？

宇宙への移民は人類の宿命だと僕も思う。いずれその日は間違いなく来る。そして、火星に研究所ができ、科学者が現地調査できるようになれば、火星生命を含む科学的理解は急速に進むだろう。

だが、急いて事を台無しにしてはいけない。

いまひとつ、学ぶべき過去がある。十九世紀のドイツの実業家ハインリヒ・シュリーマンは、幼少の頃に読んだギリシャの叙事詩『イーリアス』（「トロイの木馬伝説」の話）に興奮し、その舞台であるトロイアの街をいつか自分の目で見たいと夢見た。当時はトロイアは架空の地だというのが常識だったが、シュリーマンは大人になってもその実在を頑なに信じ続け、貿易で成した財を使って発掘を開始した。

トロイアの場所を正確に推測したシュリーマンに考古学の才能と見識があったことは間違いないだろう。だが、彼は事を急いだ。第一発見者の栄誉を欲したからかもしれないし、生きている間に確実に自分の目で見たかったからかもしれない。適切な記録を取ることなく乱暴に地面を掘り、そして彼はトロイアを発見した。それは考古学史上の大発見となった。だが、後にわかったのは、『イーリアス』に描かれたトロイアはシュリーマンが性急に掘って破壊してしまった層にあったことだ。失われた歴史的記録は二度と戻らない。シュリーマンが夢見た『イーリアス』のトロイアは、皮肉にもシュリーマン自身の手により宇宙から永遠に消し去られてしまった。

なぜ、イーロン・マスクは急ぐのだろうか？

「地球のバックアップのため」と彼は言う。だがこれは根拠に乏しい。次の章で詳しく解説するが、少なくとも向こう百年では、隕石の衝突など外的な要因で文明が滅ぶ確率は飛行機事故より低い。それよりも人類自身が地球温暖化や核戦争で自らを滅ぼす可能性の方が圧倒的に高い。そうだと信じたくはないが、もし人類が自らを滅ぼしてしまうほど愚かならば、二つ目の惑星を壊す前に、地球と一緒に滅びるべきではなかろうか？

「自分が生きているうちに見たい」と思うのかもしれない。僕もそう思う。しかし、一人の実業家のエゴは一つの惑星よりも重いのだろうか？　三十五億年の冬をじっと耐え抜い

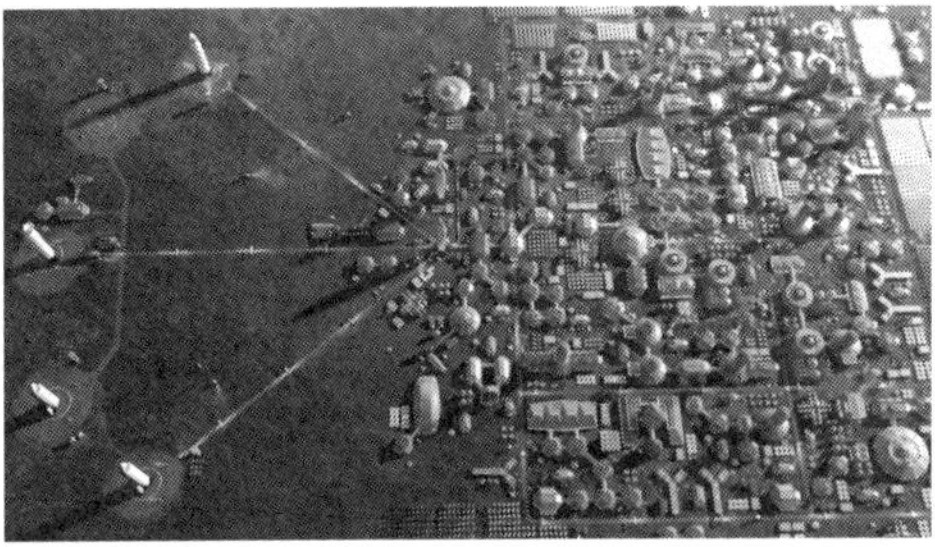

イーロン・マスクが構想する火星植民　Credit: SpaceX

た火星生命の命は人類の夢よりも軽いのだろうか？　人類は宇宙の前に、自然の前に、そこまで偉いのだろうか？　謙虚さを忘れてはいないだろうか？

人類文明とは一万年かけて少しずつ、少しずつ積み上げられてきたものだ。そしてその文明の歴史すら、宇宙の時間スケールに比べればほんの一瞬でしかない。十年で移民しなくては火星がなくなってしまうことはない。必要なら五十年でも、百年でも、千年でも待てばいい。文明が後退ではなく前進するために。過去の過ちを繰り返さないために。

我々は間違いなく歴史の転換点に立っている。我々が何を成しても、何を犯しても、歴史はそれを記憶するだろう。この時代にあって、我々はもう一度、なぜ宇宙に行くのかを、深く考えるべきだと思う。

大航海時代にヨーロッパ人が新天地を目指したのには

様々な理由があった。

ピサロは黄金を目的に南米を征服した。

宣教師はキリスト教を広めることが善だと考えた。

市民は肉を美味にする香辛料を安く手に入れることを欲した。

船会社は香辛料を売って儲けるためにインドを目指した。

列強諸国は資源と植民地を獲得し、自国の版図を拡大するために海を渡った。


では、我々はなぜ宇宙へ行くのか？

地球を滅ぼした場合のバックアップのためか？

植民地を獲得し人類の版図を拡大するためか？

資源を獲得するためか？

それとも、我々は何者か、我々はどこから来たのか、我々はひとりぼっちなのか、そんな深遠な問いへの答えを求めるためだろうか？

宇宙は我々を試している。人類が進歩したか、していないかを。

映像ギャラリー❹

Perseverance's touchdown on Mars

左のムービーはパーサヴィアランスが火星に着陸するまでの3分間の、降下中に捉えられた実際の映像とコントロール・ルームの実況を重ねたもの。右は着陸シーケンスをアニメーションによる第三者視点で描いたムービー。以下、左のムービー内で起きることを解説する。この全ては地球から2億キロ離れた火星で全自動で実行される。

火星の大気圏に時速2万キロで突入したパーサヴィアランスは、流れ星のように火星の空を飛びながら、猛烈な空気抵抗で急減速する。ムービーの冒頭、時速1500キロまで減速したタイミングでカプセル後部のフタを分離し、パラシュートを展開する（0:15）。続いて前部を覆っていたヒートシールドも分離（0:32）。ローバー下部のカメラとレーダーが火星の地表を捉え始める。高度9.5キロ、時速500キロ。レーダーがロックオンし地表までの距離を正確に捉える（1:08）。オンボード画像処理が完了し、着陸予想地点を割り出す（1:49）。危険な砂地（前出のセイター）に向かっていることが判明。パラシュート分離（2:05）。ローバーを背中側から抱えるスカイクレーンのロケットエンジンを噴射。同時に機体を画面右に傾け、パラシュートへの衝突を避けるとともに、砂地から安全な着陸地点へ自動でダイバート。高度2.6キロ、時速300キロ。ダイバートが完了し、機体を逆向きに傾け水平速度を殺す（2:25）。高度300メートル、時速100キロ。垂直に降下し、時速3キロの定速度降下モードに移行（2:43）。高度20メートルでスカイクレーンから3本のロープでローバーを降ろす。（2:50）。画面左上はローバーからスカイクレーンを見上げた映像、左下はスカイクレーンからローバーを見下ろした映像である。ローバーの着地が検知され（3:08）、その瞬間にローバーは3本のロープを焼き切り、スカイクレーンは飛び去って投棄される。そしてコントロール・ルームは歓喜に沸いた。

宇宙から地球を見たら、どう見えるだろうか？

月の表側では地球は沈まない。まるでピンで空に留められたように、昼も夜も同じ場所にある。伸ばした腕の親指に隠れてしまうほどの大きさである。一ヶ月周期で満ち欠ける。地球で満月のとき月では新地球。地球で新月のとき月では満地球。地球人が上弦の月を眺めるとき月の友人は下弦の地球を仰ぎ、地球人が下弦の月を見つめるとき月の恋人は上弦の地球を見上げている。

火星に青い夕日が沈んだ後、西の低い空に明るい星がふたつ見えたら、より明るい金色の星が金星、少し暗い青い星が地球だ（巻頭カラーiiページの写真）。時期によっては日の出前の東の空に見える。肉眼では点にしか見えない。だが、二年二ヶ月に一度の接近時に大きめの望遠鏡で見れば雲や海や大陸を見分けることができるかもしれない。移民者は目を凝らし、ぼやけた望遠鏡の視野の中に自分の生まれ故郷の街を探すことだろう。

巻頭カラーiiiページに探査機カッシーニが土星から撮った写真を載せた。ここから見ると、地球はもはや目立つ星ではない。土星の数多の衛星の方がはるかに明るく見える。最後に、255ページの第5章扉に掲載した写真を見てほしい。ボイジャー1号が海王星軌道よりさらに遠く、40天文単位（60億km）の距離から撮った地球だ。明るさは4等から5等。街明かりのない暗い夜空でないと見えない、無数にある淡い星屑のひとつだ。カール・セーガンはこれをPale Blue Dot（淡く青い点）と呼んだ。この写真にインスパイアされて書かれた彼の著書"Pale Blue Dot"に次のような一節がある。

もう一度、あの点を見てほしい。あれだ。あれが我々の住みかだ。あれが我々だ。あの上で、あなたが愛する全ての人、あなたが知る全ての人、あなたが聞いたことのある全ての人、歴史上のあらゆる人間が、それぞれの人生を生きた。人類の喜びと苦しみの積み重ね、何千もの自信あふれる宗教やイデオロギーや経済ドクトリン、すべての狩猟採集民、すべてのヒーローと臆病者、すべての文明の創造者と破壊者、すべての王と農民、すべての恋する若者、すべての母と父、希望に満ちた子供、発明者と冒険者、すべてのモラルの説教師、すべての腐敗した政治家、すべての「スーパースター」、全ての「最高指導者」、人類の歴史上すべての聖者と罪人は、この太陽光線にぶら下がった小さなチリの上に生きた。

地球は広大な宇宙というアリーナのとても小さなステージだ。考えてほしい。このピクセルの一方の角の住人が、他方の角に住むほとんど同じ姿の住人に与えた終わりのない残酷さを。彼らはどれだけ頻繁に誤解しあったか。どれだけ熱心に殺しあったか。どれだけ苛烈に憎しみあったか。考えてほしい。幾人の将軍や皇帝が、栄光の勝利によってこの点のほんの一部の一時的な支配者になるために流れた血の川を。

我々の驕り、自身の重要性への思い込み、我々が宇宙で特別な地位を占めているという幻想。この淡い光の点はそれらに異議を唱える。我々の惑星は宇宙の深遠なる闇に浮かんだ孤独な芥だ。地球の目立たなさ、宇宙の広大さを思うと、人類が自らを危機に陥れても他から救いの手が差し伸べられるとは思えない。

地球は現在知る限り命を宿す唯一の星だ。少なくとも近い将来に、我々の種族が移民できる場所は他のどこにもない。訪れることはできるだろう。移住はまだだ。好もうと好むまいと、今のところ、我々は地球に依存せねばならない。

天文学は我々を謙虚にさせ、自らが何者かを教えてくれる経験である。おそらく、このはるか彼方から撮られた小さな地球の写真ほど、人間の自惚れ、愚かさを端的に表すものはないだろう。それはまた、人類がお互いに優しくし、この淡く青い点、我々にとって唯一の故郷を守り愛する責任を強調するものだと私は思う。

（カール・セーガン『Pale Blue Dot』より、筆者訳）

第 5 章

我々はどこへ行くのか？

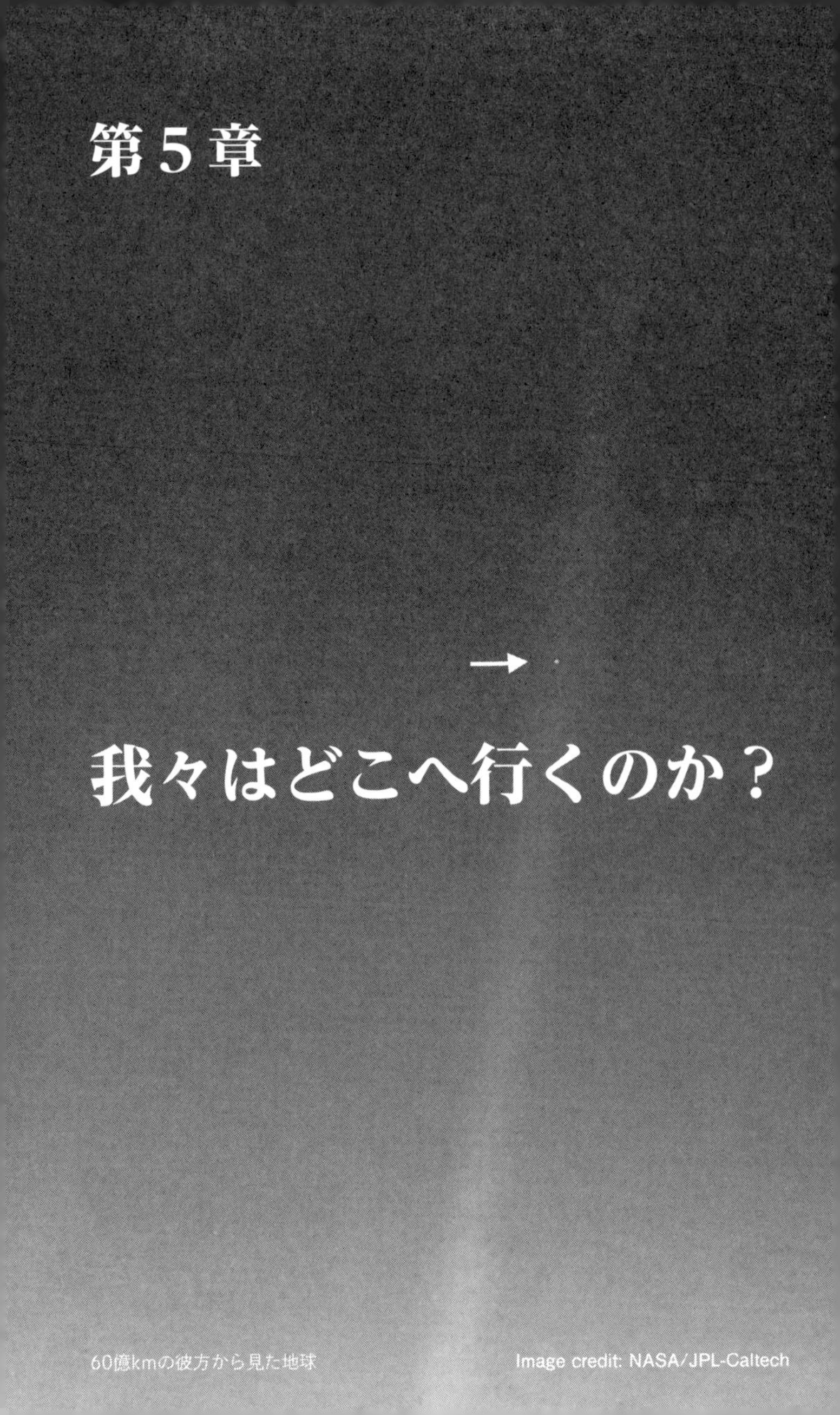

60億kmの彼方から見た地球

Image credit: NASA/JPL-Caltech

For small creatures such as we the vastness is bearable only through love.
（我々のように小さな生き物にとって、この広大さは愛によってのみ耐えることができる。）

カール・セーガン『コンタクト』

宇宙人はいるのだろうか？

いないはずはない、と僕は思う。仮に惑星が知的生命を宿している確率を、日本人が東大に入る確率（０．３％）としてみよう。すると、我々の銀河系には数千億の惑星があるから、その中の数億に文明がある計算になる。では仮に、それを人がノーベル賞を取る確率（０．０００００１％）としてみよう。それでも我々の銀河には数万の文明がある計算になる。

そして宇宙には数千億の銀河がある。宇宙のどこかに……現在とは限らなくとも、過去または未来のどこかの時点で地球外文明が存在する確率は限りなく１００％に近いだろう。

では、どこにあるのだろうか？

わからない。だが一つ、確かなことがある。ほぼ全ての地球外文明は我々より圧倒的に進んでいる、ということだ。もし仮に、ある文明の誕生が、百三十八億年の宇宙年齢に対してたった0.0001%だけ、地球文明より早かったとしよう。するとその文明は一万年強も人類より進んでいる。逆に、もしある文明の誕生が0.0001%だけ遅かったら、地球より一万年強遅れていることになる。地球で農業が始まったのが一万年前。おそらく、そのような文明はまだ生まれる前だ。要は、生まれたての赤ちゃんにとってほぼ全ての人間が年上であるのと同じ理屈である。宇宙の時間スケールに対して、人間文明はまだへその緒も乾かぬ赤ちゃんなのだ。

だから、地球外文明は人類でさえ持っている電波交信の技術は間違いなく持っているだろうし、数万光年を旅する船も持っているかもしれない。

ならば、彼らは使節団を地球に送り込んだり、親書を電波で送信したりしていないのだろうか?

その証拠は今のところ、ない。UFOや宇宙人の目撃談は昔から多くあり、科学はそれを仮説としては否定しないが、科学的事実として扱うには根拠が薄すぎる。本章で後述するが、SETI(Search for Extra-Terrestrial Intelligence、地球外知的生命探査)も半世紀以上にわたって行なわれている。電波望遠鏡で宇宙人からの電波を探す試みである。疑わしい信号を受信したことは何度かあったが、確たるものは一つもない。地球外文明もまた「最終手段の仮説」である。ＵＦＯや宇宙人の目撃談もＳＥＴＩの候補信号も全て地球外文明に依らない仮説（自然現象、天文現象、ノイズ、幻覚など）で説明できてしまう。その基準に照らせば、未だ人類は地球外文明と一度も遭遇していない。

なぜだろう？　なぜ、統計的には宇宙に数え切れないほど文明があるはずなのに、彼らは我々にコンタクトしてこないのだろう？

まだ来ていないだけだろうか？

気づいていないだけだろうか？

やはりＵＦＯや宇宙人は事実だったのだろうか？

それとも、我々は宇宙にひとりぼっちなのだろうか？

つい数十年ほど前までは、この問いに対する唯一のアプローチは、有名な「ドレーク方程式」だった。方程式といっても単純で、銀河で毎年生まれる恒星の数に、恒星が惑星を持つ確率、惑星がハビタブルである確率、ハビタブルである惑星に生命が生まれる確率、生命が知的生命に進化する確率、そして知的文明の平均存続年数を掛け合わせれば、現在銀河系に存在する知的文明の数を見積もれる、というのがドレーク方程式である。[*1]

*1　本当はもう少しだけ複雑な形をしているが、それは他書に譲る。

なぜドレーク方程式がこのような形をしているかといえば、方程式が生まれた一九六一年にはまだ、最初の項である「銀河で毎年生まれる恒星の数」以外は何もわかっていなかったからだ。唯一わかっていたものを出発点に、その他の項を人類の限られた知見から外挿して、「地球外文明の数」になんとかもっともらしい予想を与えるための苦肉の策がドレーク方程式だったと言える。

最近の系外惑星探査の急速な進歩は遠くの星にあるハビタブルな惑星の数を観測から直接見積もることを可能にした。さらに生命が存在する惑星の検出にも迫ろうとしている。そして、直接的に地球外文明を探す試み、SETIも続けられている。

本章ではこの最前線を紹介するとともに、地球外文明とコンタクトし、ホモ・アストロルム──「宇宙の人」へと進化した人類の未来について、イマジネーションを巡らせてみようと思う。

系外惑星探査の夜明け

事はシャワーから始まった。一九八三年、カリフォルニア州パサデナにあるカーネギー研究所に、ジェフ・マーシーという名のうだつの上がらない二十八歳のポスドクがいた。彼の研究は大御所の天文学者にこき下ろされ、精神的に消耗し、キャリアの方向性は見えず、モチベーションを失いつつあった。

ある朝、彼は鬱々とした気分でシャワーを浴びながら考えていた。こんなんでは続かない。自分が楽しめる研究……何か自分にとって意味のある研究をしなくては……じゃあ、俺がやりたいことは何なんだ……？

答えはすでに彼の心の底にあった。

「星々に惑星があるのかを知りたい。」

当時、それは世界のいかなる天文学者も真面目に研究したことのない問いだった。そんな研究がうまくいくとは思えない。でも、今の研究を続けてもどのみち失敗だ。ならば自分の情熱が湧くことをとことんやって、盛大に失敗してやろう。

シャワーから上がった時、彼の心は決まっていた。

その後、マーシーはサンフランシスコ州立大学の教授となる。ここである出会いに恵まれる。ポール・バトラーという名の大学院生だ。二人は元々は教授と学生という間柄だったが、その後およそ二十年にわたりパートナーとして数々の発見を共に成し、系外惑星探査の黄金期を築くこととなる。

革命とは往々にして出会いから生まれるものだ。たとえば三国志の劉備と関羽・張飛。たとえばビートルズのジョン・レノンとポール・マッカートニー。たとえばアップルのスティーブ・ジョブズとウォズニアック。マーシーとバトラーの関係は、アップル創業者のスティーブ・ジョブズとウォズニアックのそれと似ているかもしれない。マーシーは天文学の網羅的知識があり、話術に長け、カリスマ性を備えていた。一方、技術者肌のバトラーは、系外惑星の発見に必要な検出技術の開発に大きな貢献をした。

いかにして何十光年彼方の惑星を見つけるか。どんなに優れた望遠鏡を使っても、中心の星に対して惑星は暗すぎるので見ることができない。そこでマーシーとバトラーは「RV法」（または「ドップラー偏移法」）と呼ばれる方法を用いた。星の「ふらつき」を使って惑星を検出する方法だ。

〈図7〉RV法による系外惑星の検出

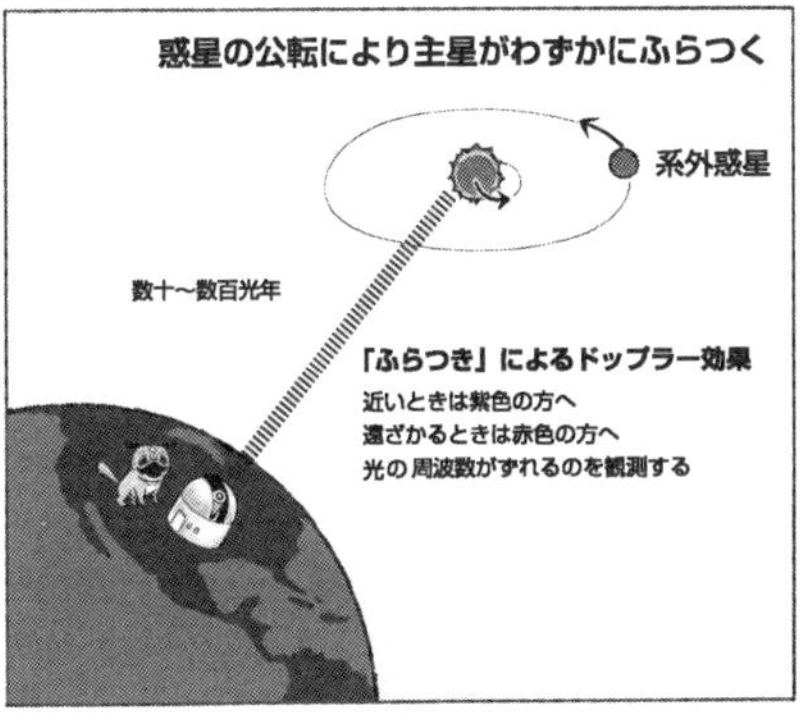
惑星の公転により主星がわずかにふらつく
系外惑星
数十〜数百光年
「ふらつき」によるドップラー効果
近いときは紫色の方へ
遠ざかるときは赤色の方へ
光の周波数がずれるのを観測する

一般的には地球は動かぬ太陽のまわりを回っていると思われているが、厳密には正しくない。実際は、太陽も地球に振り回されてわずかにふらついている。

ただ、太陽が地球よりも途方もなく重いため、ほとんど太陽が止まっているように見えるのである。ふらつきの速度はたったの時速0・3㎞でしかない。地球の300倍の質量のある木星はもっと大きく太陽を振り回しているが、それでも時速45㎞ほどである。このわずかなふらつきを直接見ることは不可能だが、図7のように光のドップラー効果[*2]を精密に測定すれば検出することができる。[*3] それが惑星存在の証拠となる。

マーシーとバトラーはRV法で太陽の近くの星をしらみ潰しに探した。しかし何年経っても系外惑星は見つからなかった。彼らには焦りがあった。競争相手がいたからだ。スイスのミシェル・マイヨールとディディエ・ケローも、独自に改良したRV法を用い、「世界初」の栄誉を我がものにせんと夜空に望遠鏡を向けていた。

ペガスス座51番星b

ニュースは突然やってきた。マーシーとバトラーが夜空を探し始めてから八年後の一九九五年。ペガスス座51番星という、目立たぬため名を与えられず番号で呼ばれている星に、系外惑星が存在していることをスイスのチームが発見したのである。それまでパルサーと呼ばれる星の死骸に惑星が見つかったことはあったが、太陽のように一般的な星（主系列星）で見つかったのは世界初だった。[*4] この惑星には「ペガスス座51番星b」という、発見の歴史的重大さに不釣り合いなほど無機質な記号が割り振られた。ペガスス座51番星系の

＊2　ドップラー効果とは、救急車が近づくときにサイレンの音程が高くなり遠ざかるときに低くなる現象である。光も光源が近づくときは周波数が上がり（紫がかり）、遠ざかるときは周波数が下がる（赤みがかる）。

＊3　吸収線の移動を測定することで検出する。

ペガスス座51番星bの想像図
Credit: ESO/M. Kornmesser/Nick Risinger (skysu RV ey.org)

二番目の天体だから、お尻にbを足しただけである。

ニュースを聞いて愕然としたマーシーとバトラーは、慌てて望遠鏡をペガスス座51番星に向けた。そしてたった数日のうちに彼らは星の「ふらつき」を確認した。さらに彼らの過去のデータを再検証したところ、二つの同様の系外惑星が隠れていたのである!

望遠鏡や検出器の性能が足りないわけではなかった。運悪く惑星を持つ星に望遠鏡を向けそびれたわけでもなかった。彼らの望遠鏡は確かに、世界で最初に系外惑星がもたらす「ふらつき」を捉えていた。ただ単に、データの中に埋もれた系外惑星のサインに気づかなかっただけなのだ。彼らの悔しさはどれほどのものだっただろうか……。

マーシーとバトラーの見逃しの原因は単なる不

＊4　HD 114762bという惑星がそれ以前に主系列星のまわりで発見されていたが、当時はこれが惑星か褐色矮星かわかっていなかった。ペガスス座51番星bの方が、最初に確認された主系列星の惑星として、歴史的意義は大きい。

注意ではなかった。ペガスス座51番星bが、常識をはるかに超えていたからだった。

ペガスス座51番星bは木星の半分ほどの質量を持つ巨大惑星だが、中心の星からわずか0.05天文単位（1天文単位は太陽から地球までの距離）の距離を、4.2日の周期で公転していた。信じられるだろうか。たった4日周期で狂ったように太陽をまわる巨大惑星を……。太陽系ではもっとも公転周期が短い水星ですら88日だ。まさか一年が4日しかない世界があるとは。しかもそれが木星ほど巨大な惑星だとは。異常なのは公転周期の短さだけではない。中心の星にあまりに近いため、その表面温度は1000℃を超えると見積もられた。

マーシーとバトラーの過去のデータに埋もれていた二番目、三番目の系外惑星も、同様に星のすぐ近くをまわる巨大惑星だった。このタイプの惑星は、「熱い木星」を意味するホット・ジュピターと呼ばれるようになった。

ホット・ジュピターは巨大惑星が近くから星をぶんぶんと振り回すので検出がもっとも容易である。だが、マーシーとバトラーはたった数日で公転する惑星を全く想像していなかった。もっと長い周期の「ふらつき」ばかりをデータから探していた。知らぬうちに太陽系の常識に縛られていた。だから見逃した。スイスのチームが先を越したのは、大きな望遠鏡を持っていたからでも、観測機器の精度が良かったからでも、運が良かったからでもない。彼らの方が、イマジネーションの幅が少しだけ広かったからだ。

その後、マーシーとバトラーは屈辱を晴らすかのように発見を量産した。最初に見つかった百の系外惑星のうち、実に七十がこのコンビによる発見だった。発見があるたびに世界的ニュースとなり、二人は一躍、時の人となった。系外惑星探査の黄金時代が、幕を開けた。

初期に見つかった系外惑星はホット・ジュピターばかりだったが、検出精度が上がるにつれ、より太陽系の惑星と似た惑星も見つかるようになった。

スイス・チームとの競争は熾烈だった。アメリカ・チームが学会で発表した発見を、スイス・チームは自分が数日前に発見したと主張した。スイス・チームの発見の誤りをアメリカ・チームが見つけ、論文を撤回に追い込んだ。発見が同着になることもあった。

競争は進歩を加速させる。ペガスス座51番星bの発見から十年で、確認された系外惑星の数は数百に及んだ。最初は発見のたびにニュースになっていたが、すぐにそれは日常となった。学術分野としても成熟し、多くの研究者が集まった。その中心にいたのは、分野を切り拓いたマーシー、バトラーとスイス・チームの天文学者たちだった。

一方で、偉大な成功はマーシーとバトラーの長年にわたる友情に亀裂を生んだ。ジョン・レノンとポール・マッカートニーが、あるいはスティーブ・ジョブズとウォズニアックが、成功の後に決別したように、成功を掴んだコンビの解散は必定なのかもしれない。

二〇〇七年、バトラーはマーシーと決別し、自らのチームを立ち上げた。一方のマーシーは全く新しいタイプの系外惑星探査を始める。特別な宇宙望遠鏡による探査だ。これが系外惑星探査に第二の爆発的な革命をもたらすことになる。

千億×千億の世界

惑星がたくさんあることはわかった。では、生命の存在に適した惑星はどの程度存在するか？　それを知るために打ち上げられたのが、ＮＡＳＡのケプラー宇宙望遠鏡である。マーシーはこの計画の共同研究者として加わった。

ケプラー宇宙望遠鏡は低予算ミッションで、ハッブル宇宙望遠鏡と比べると随分と小ぶりである。主鏡の面積はハッブルの三分の一。望遠鏡の重さは十分の一以下だ。汎用的なハッブルに対し、ケプラー宇宙望遠鏡の目的は系外惑星探査のただ一つ。この小さな望遠鏡が目覚ましい成果を挙げた秘密は、その特殊な観測方法にある。

先に説明したように、それまでは星の「ふらつき」を検出するＲＶ法が主に用いられてきた。ケプラー望遠鏡は星のわずかな「またたき」を捉えることで惑星を検出する。

この手法は「トランジット法」と呼ばれる。原理は簡単だ。ある星をじっと見る。瞬き

ケプラー宇宙望遠鏡　Credit: NASA/JPLCaltech

せずに何年間も見続ける。もしその星に惑星があり、運がよければ、その惑星がちょうど星と地球の間に入り星の一部を隠す。これを「トランジット」と呼ぶ。トランジットの瞬間、星の明るさがほんのわずかだけ暗くなる。そのわずかな減光を捉えることで、惑星を間接的に発見するのである。

ケプラー望遠鏡は24時間、はくちょう座の右の翼の方向へ向けられた。そして、織姫が彦星に逢いに行くために渡った天の川の一角の6万5,000個の星を、瞬きせずにじっと見続けた。

ケプラー望遠鏡が実際に打ち上がるまでは、どれほどの数の惑星が見つかるかわからなかった。ところが蓋を開けてみるとざくざく見つかった。ゴールドラッシュのようだった。掘れば掘るだけ金がでる金鉱だった。

二〇一八年に稼働停止するまで、ケプラー宇宙望遠鏡は2,662の系外惑星を発見した。そこにはハビタブルゾーン[*5]の中にある地球の2倍以下のサイズの惑星も数十含まれる。それまで数百だった系外惑星の数は、たった一機の低予算の宇宙望遠鏡によって数千のレベルまで一気に増えたのである！

しかも、思い出してほしい。ケプラー望遠鏡が観測したのは、はくちょう座のほんの一角にすぎない。そして地球のような軌道の惑星が運良くトランジットを起こす確率は約二百分の一だ。それにもかかわらず数千もの惑星が見つかったのである。これを元に推定すると、銀河には数千億個の惑星がある計算になるのだ！

「千億」という数字がどれだけ大きいか、想像できるだろうか？　たとえば、あなたの家の風呂桶をピンポン球でいっぱいにしてみよう。必要なピンポン球は約5千だ。では、25mプールをいっぱいにしてみよう。それでもまだ800万個だ。ならば、東京ドームを天井までピンポン球でいっぱいにしたらどうだろう。それでも270億個だ。銀河にある惑星の数とは、四大ドームをすべていっぱいにするピンポン球の数くらいだ。

そして、これは我々が住む一つの銀河系に存在する惑星の数である。宇宙には数千億の銀河があるといわれている。1000億の千億倍の世界。あなたは想像できるだろうか？

ケプラーの発見の偉大さは数だけではない。イマジネーションを刺激する、バラエティーに富んだ世界の数々が見つかったことだ。いくつか例を挙げよう。

＊5　中心の星から適度の距離にあり地表に液体の水が存在できると考えられているリング状のゾーン。

系外惑星ケプラー 62f の想像図。この惑星はハビタブルゾーンの中にある
Credit: NASA Ames/JPL-Caltech

ケプラー４５２ｂは地球に非常によく似た惑星だ。１４００光年先にある。直径は地球の１・６倍。一年は３８５日。太陽とよく似た星を回っている。ちなみに「ケプラー４５２」という機械的な名は、ケプラー宇宙望遠鏡が４５２番目に惑星の存在を発見した星、という意味である。川を流れる水の水分子ひとつひとつに名がないように、天の川を成す無数の星屑のほとんどは、名も、記号すらも持たない。

ケプラー16ｂは２００光年の距離にある、土星サイズの惑星だ。この世界の空には二つの太陽が輝いている。朝には二つの朝日が昇り、夕方には二つの夕日が沈む。*6

１２００光年離れたケプラー62星系からは五つの惑星が発見されている。その最も外側の二つの惑星、ケプラー62ｅとケプラー62ｆは、ハビタブ

*6　スターウォーズ狂の僕は、エピソード4で主人公が砂漠に沈む二つの夕日を見ながら行く末を思い悩む名シーンを思い出さずにはいられない。

ルゾーンにある。もしその両方に生命が誕生していたら……そして文明が生まれていたら……。先に宇宙を渡る船を造った文明が、もう一方を訪れる。それは征服欲に駆られた植民地化であろうか、それとも知的好奇心に駆られた科学探査だろうか。

二〇一八年、ケプラー宇宙望遠鏡は歴史に刻まれる数々の発見を残し引退した。同じ年、後継となるTESSが打ち上げられ、系外惑星の発見を量産し続けている。

マーシーは六十歳になろうとしていた。シャワーを浴びながら「どうせ失敗するキャリアならとことん好きなことをやって盛大に失敗してやる」と誓ってから三十年余りが過ぎていた。彼は系外惑星探査を切り拓いたパイオニアとなり、この分野の黄金期を築き、そして誰もが知る第一人者になっていた。天文学史に栄光とともに名を残して、その輝かしいキャリアを終えるはずだった。

彼のキャリアの終わりはしかし、思いがけない方法で訪れた。マーシーは複数の女性からセクハラで訴えられ、二〇一五年、大学は訴えを認める裁定を下した。彼の成功の大きさ相応にスキャンダルも膨らんだ。批判の嵐とメディアの追及から逃げるように、マーシーはその年に引退した。

一方、マーシーと決別したバトラーは発見を続けた。二〇一六年、彼はかつてのライバルだったスイス・チームと組み、太陽系から最も近い恒星であるプロキシマ・ケンタウリ

太陽系から最も近い系外惑星、プロキシマ・ケンタウリ b の想像図
Credit: ESO/M. Kornmesser

に惑星を見つけた。しかもそれはハビタブルゾーンの中にあった。地球からたった4．2光年。おそらくここが、人類が太陽系外で訪れる最初の世界になるであろう。

二〇一九年、ノーベル物理学賞がスイス・チームを率いたミシェル・マイヨールとディディエ・ケローに贈られた。マーシーとバトラーの名は、そこにはなかった。

百光年彼方の森の息吹

ハビタブルである可能性のある惑星も銀河に多くあることがわかった。では、そのうちどれだけの世界に、命は生まれたのだろうか?

「ハビタブル」とは英語で居住可能の意味だが、必ずしも命を宿すと限らない。たとえば火星はハビタブルゾーンの中にあるが、大気と液体の水を失い、少なくとも地表には生命の営みはなさそうだ。ではどうすれば、系外惑星が生命あふれる世界かどうかを知ることができるのだろうか。

現在までに発見されたほぼ全ての惑星は、直接それを望遠鏡で見たのではなく、星の「ふらつき」や「またたき」から間接的に発見されたに過ぎない。その惑星が存在することはわかっても、それがどんな惑星かについては情報が非常に限られている。

望遠鏡で見ればいいじゃないかと思うかもしれないが、現代のどんな大望遠鏡を使っても系外惑星は一ピクセルにも満たない。はるか遠くの系外惑星についてもっと詳しく知るには、何百光年の距離を超えて宇宙船を飛ばすしかないのだろうか？

実は、ひとつ方法がある。「虹」を捉えることだ。

きっとみなさんは学校で太陽の光をプリズムに入れて虹を作る実験をしたことがあるだろう。これを「スペクトル」と呼ぶ。そのスペクトルをよく見ると、完全な虹ではなく、バーコードのようにところどころに黒い線が入っている。これを「吸収線」という。それぞれの物質は特定の波長の光を吸収するから、その波長が虹から抜け落ちて黒い吸収線になるのだ。

この吸収線は「指紋」に似ている。人間ひとりひとりが異なる指紋を持つように、酸素分子や窒素分子など、多種多様な物質はそれぞれが異なる吸収線のパターンを持っている。

だから遠くの惑星から届いた光の「指紋」を検出できれば、その惑星の大気にどんな物質が含まれるかが分かるのである。

そしていくつかの物質は生命の存在と深く結びついている。

たとえば酸素だ。金属を放っておけば酸素が結合して錆になる。酸素はすぐに色々な物質とくっついて酸化させてしまう性質があるからだ。空気中にある酸素はすぐに何かとくっついてどんどん減っていく。それでも地球の大気に20％もの酸素があるのは、植物が供給し続けているからだ。

もし惑星の大気に酸素と共にメタンが検出されれば、さらに怪しい。メタンはすぐに酸素と反応して二酸化炭素と水になってしまうからだ。だが、牛がゲップをするとメタンが出る。微生物もメタンを出すものがいる。人間の産業活動からも発生する。地球の大気に微量だがメタンが存在するのはそのためだ。

だから、もし系外惑星の光から酸素やメタンの指紋が見つかれば、「何か」がそれらのガスを生産し続けているはずだ。その「何か」は、もしかしたら生命かもしれない。

しかし、ひとつ問題が残っている。「虹」を作るためには系外惑星からの光を捉えなくてはいけない。実はこれが技術的に途方もなく難しい。中心の星の明るさに比べて惑星が暗すぎるからだ。たとえば遠くの星から見ると、地球の明るさは太陽のおよそ一〇〇億分の一でしかない。惑星からの光子は確かに地球に届いてはいる。だが、ネオンで眩しい街を飛ぶホタルのように、惑星から届く微かな光は中心の星の明るさに隠されてしまうのだ。

この問題を解決する方法は二つある。一つは、宇宙に漏れる朝焼けと夕焼けの光を使う方法だ。太陽が昇った直後や沈む直前、空を美しく染める太陽の赤い光はほぼ水平に大気中を横切り、一部は再び宇宙へと出ていく。その光には地球の大気の「指紋」も含まれている。だから遠くの宇宙人がその光を捉えれば、地球の大気組成を知ることができるというわけだ。

視点を地球に戻そう。地球から見て、遠くの惑星が中心の星の手前を通る瞬間を観測すれば、そこには惑星の大気を通り抜けてきた光が含まれている。その「指紋」（専門用語で透過スペクトルという）を観測すれば、その惑星の大気組成を知ることができるのである。ロマンを感じないだろうか。その光は、何百光年も先の惑星の空を染めた朝焼けや夕焼けの光なのである。

この方法による系外惑星の大気の観測は、二〇二一年のクリスマスの日に打ち上げられたジェームズ・ウェッブ宇宙望遠鏡により飛躍的に進歩した。その先代のハッブル宇宙望遠鏡の名を知る人は多いだろう。一九九〇年に打ち上げられて以降、数々の大発見と息をのむ美しい深宇宙の写真をもたらした名機である。望遠鏡の性能は主鏡の面積で決まる。

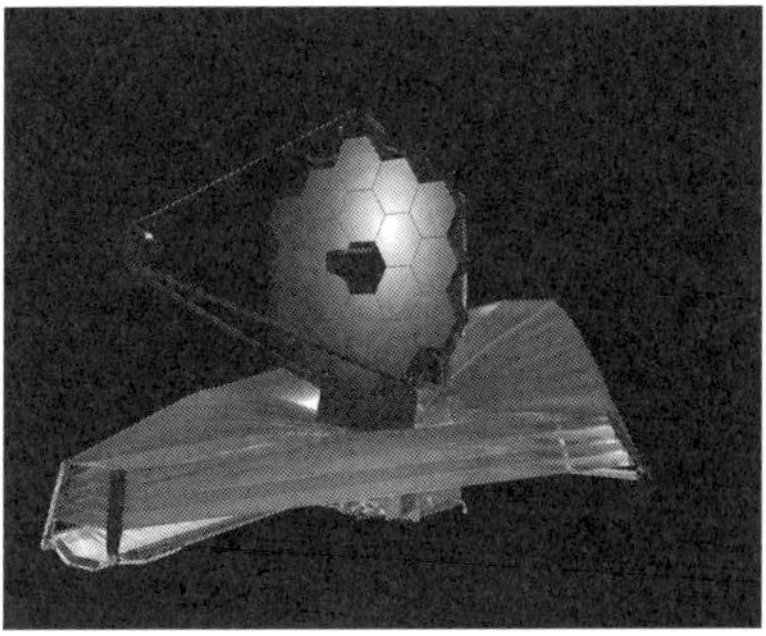
2021年に打ち上げられたジェームズ・ウェッブ宇宙望遠鏡
Credit: NASA

ハッブル宇宙望遠鏡の主鏡は直径2．4メートルだった。ジェームズ・ウェッブ宇宙望遠鏡の主鏡の直径は6．5メートルにも及ぶ。あまりにも巨大でロケットのフェアリングに収まらないため、鏡を18枚の六角形のピースに分割し、宇宙に出てから展開する方法がとられた。この巨大な鏡でハッブル宇宙望遠鏡の6倍の光を集めることができる。巨大な主鏡の下には、望遠鏡を太陽の熱から守る5層の膜がある。そのため上の図にあるような、軍艦のような形をしている。

ジェームズ・ウェッブ宇宙望遠鏡が稼働すると、その性能はすぐさま世界を驚嘆させた。ハッブルをはるかに超える解像度で宇宙の深みを捉えた美しい写真の数々は人々の心を捉えた（巻頭カラーiページの写真）。二〇二二年、ジェームズ・ウェッブ宇宙望遠鏡が撮影した画像の中から、134億光年彼方の銀河JADES-GS-z13-0が発見された。これはつまり、134億年前の宇宙の姿を捉えたことになる。宇宙の年齢は138億歳なので、宇宙創生からわずか4億年後にあたる。14ページの「新創世記」の時間スケールでは、月曜日の午前5時である。おそらく、宇宙で最初に生まれた銀河のひとつだろう。

この人類史上最も強力な鏡は、系外惑星にも向けられた。たとえば120光年先にK2-18bという惑星がある。直径が地球の2.6倍あり、赤色矮星のハビタブルゾーンの中を公転している。ジェームズ・ウェッブ宇宙望遠鏡はその透過スペクトルを観測し、この惑星の大気に二酸化炭素やメタンが存在することを発見した。WASP-107bという200光年先にある木星サイズの惑星の大気に、ケイ素でできた雲が検出された。ケイ素は砂や石を作る元素である。つまり、この惑星の空には砂の雲が浮かんでいるのだ。

ジェームズ・ウェッブ宇宙望遠鏡は今後10年前後にわたり観測を続ける。WASP-107bのように我々の想像を超える世界が多く見つかるだろう。その中に、生命の存在を示唆するような「指紋」を持つ世界が見つかるかもしれない。

系外惑星大気の「指紋」を捉える第二の、さらに強力な方法は、「直接撮像」である。つまり、惑星自体の光を直接捉えることだ。その問題は、先にも書いたように、中心の星の明るさに比べて惑星が暗すぎることだ。それを解決し惑星の光を直接捉える方法の一つが「コロナグラフ」である。アイデアは至って単純だ。中心の星を板で隠す。すると周りの暗い惑星が見える。望遠鏡の中で人工的に皆既日食を起こすようなものである。

その先駆けが、二〇二六~七年に打ち上げ予定のナンシー・グレース・ローマン宇宙望遠鏡だ。主鏡の面積はハッブル宇宙望遠鏡とほぼ同じ。実はこの望遠鏡、アメリカ国家偵察局(NRO)が使わなかったスパイ衛星をNASAに寄付したものである。それにコロナグラフを追加し、地球ではなく宇宙へ向ければ、恒星から3~10天文単位離れた海王星サイズ(直径が地球の約五倍)以上の惑星の光を直接捉えることができる。

だが、ハビタブルゾーンにある地球サイズの惑星を直接撮像するにはまだ性能が足りない。それを可能にするために構想されている次世代宇宙望遠鏡が、ハビタブル・ワールド・オブザーバトリー、略してHWOである。ジェームズ・ウェッブ宇宙望遠鏡とほぼ同サイズの約6mの主鏡にコロナグラフを搭載し、最低でも25個のハビタブルゾーン内の惑星を直接撮像して、その大気から生命の存在を示唆する物質を探す。

しかし、「直接撮像」といっても、たとえばアポロが撮影した丸い地球のような写真が撮れるわけではない。ナンシー・グレース・ローマン宇宙望遠鏡やHWOがもたらす系外惑星の像は1ピクセルよりも小さい。もちろん先述のようにこの1ピクセルの光に隠れる「指紋」から多くのことが分かるのだが、やはりその惑星の「姿」を見たいと思わないだろうか。そこに海や陸はあるのか。雲はどんな色をしているのか。見てみたくはないだろうか。

ひとつ、面白いアイデアがある。太陽の重力レンズを望遠鏡にしてしまうというアイデアだ。アインシュタインの一般相対論によれば、重力によって光は曲がる。つまり重力の大きい星はレンズのように働く。それが重力レンズだ。太陽の重力レンズを使えば、太陽系のサイズの主鏡を持つ望遠鏡を作れるのである。

そのためには、太陽の重力レンズにより光が集まる点、つまり焦点に宇宙望遠鏡を浮かべればいい。太陽重力レンズの焦点はおよそ550天文単位から始まる。太陽から冥王星の平均距離の14倍もの距離である。太陽のコロナなどの影響を考えれば、理想的には1000天文単位ほど先まで行かなくてはならないかもしれない。絶望的に遠く感じるかもしれないが、単位を変えればたったの0.015光年である。系外惑星を持つ惑星まで宇宙船を送るのに比べれば、ほんの近所に行くようなものだ。

ここに宇宙望遠鏡を浮かべれば、人類がかつて見たことのない宇宙の深みを、手に取るように見ることができるだろう。系外惑星の大陸の形が見えるだろう。どこが植生に覆われているかも見えるだろう。運河やダムなど人工物も見えるかもしれない。夜の闇に街明かりが見えるかもしれない。巨大な宇宙太陽光発電所や、天にそびえる宇宙エレベーターも見えるかもしれない。[*7]

宇宙の彼方からの来訪者

遠くの星からやってくるのは光子だけではない。太陽系外からの「来訪者」が時折やってくることが、最近になってわかってきた。

最初の発見は思いがけず訪れた。その舞台となったのはハワイのマウイ島にあるハレアカラ山の山頂。ここに「パンスターズ」と呼ばれる自動全天サーベイシステムがある。広画角の望遠鏡が夜空の全域を数日おきに繰り返し自動で観測する。最大の目的は、地球に衝突するかもしれない小惑星や彗星を早期に発見すること。毎年、千を超える小天体がパンスターズによって発見されている。平均して毎晩三つずつ見つかっている勘定だ。それだけ多くの未知の小天体が太陽系を漂っているのである。

新しい小天体が発見されたら、次に行なうのは軌道の推定だ。これにより未来に地球に衝突する可能性があるかがわかる。軌道の性質を表すパラメーターのうちで最も重要なものに、離心率と呼ばれるものがある。軌道がどれだけ円に近いかを表す数字だ。完全な円ならば離心率はゼロ。ゼロより大きければ楕円だ。地球の離心率は０．０１６７。ほぼ完全な円に近い。火星は少し大きめの０．０９３４。注意してみれば楕円であることがわか

*7　ただし、この夢の望遠鏡には一つだけ欠点がある。望遠鏡から見て太陽の方向にあるものしか見ることができないことだ。もちろん望遠鏡を動かせばいいのだが、数百天文単位という距離を動かさなくてはならない。だから、見たい系外惑星の数だけ望遠鏡を打ち上げねばならないだろう。

る。極度につぶれた楕円軌道のハレー彗星は0・967にもなる。1よりもほんの少し小さいだけだ。

では、離心率がちょうど1になったらどうなるのか。軌道は楕円ではなく、放物線になる。長周期彗星と呼ばれる種類の彗星の軌道がそれだ。太陽から数万天文単位の距離にあるオールトの雲から落ちてきて、一度だけ太陽のすぐ近くをかすめた後、はるか彼方に飛び去って二度と戻ってこないか、戻ってきたとしても何万年もかかる。たとえば一九九六年の大彗星となった百武彗星は離心率が0・9999だ。その軌道周期は約七万年にもなる。

二〇一七年十月、パンスターズが毎晩のように見つける小天体の中に、奇妙なものがあった。当初は彗星だと思われたのだが、その軌道を追跡してみると、離心率がなんと1・12もあったのだ。1よりも明らかに大きい。離心率が1より大きいと、軌道は双曲線になる。太陽の重力圏外から入ってきて、重力圏外へ飛び去っていく軌道だ。つまりこの天体は明らかに太陽系外から飛んできた「来訪者」だったのである。

かくして、史上初の恒星間天体が発見された。

この天体は「オウムアムア」と名付けられた。ハワイ語で「遠方からの初めての使者」を意味する。具体的にどこの星からやってきたのかわからない。こと座の方向からやって

恒星間天体オウムアムアの想像図　Credit: ESO/M. Kornmesser

きて、二〇一七年九月に水星軌道の内側をかすめ、あっという間にペガスス座の方向へと飛び去ってしまった。太陽系に戻ってくることは、おそらく二度とない。本書新版執筆時点の二〇二四年二月では、オウムアムアは海王星よりも先の、太陽から約40天文単位の距離にある。

オウムアムアについてはわかっていないことが多い。ただひとつ、奇妙なことが知られている。どうやらこの来訪者は、一般的な彗星や小惑星からはかけ離れた、上の図のような極端に細長い棒のような形をしているらしいのだ。そのためオウムアムアは異星人が太陽系に送り込んだ探査機だと主張する天文学者もいる。

二〇一九年には二例目の恒星間天体であるボリソフ彗星が発見された。離心率はなんと3.356。発見したのはアマチュア天文家のボリソフで、自作の口径65㎝の望遠鏡によるものだった。

どうやら我々が今まで気づかなかっただけで、宇宙の果てからの来訪者はこうして時折太陽系に来ていたようだ。今のところ、確認された恒星間天体はこの二例だけだが、パンスターズのような全天サーベイシステムが拡充するにつれてもっと見つかってくるだろう。

オウムアムアやボリソフ彗星のような恒星間天体は、遠くの星が我々に送ってくれたサンプルのようなものだ。そこへ探査機を飛ばして間近から観測したり、着陸して岩石を分析することで、太陽系外の星について多くを知ることができる。

太陽系外へ猛スピードで飛び去っていくオウムアムアに追いつく現実的な方法が検討されている。プロジェクト・ライラ（ライラとはこと座のことである）と呼ばれるこの構想では、まず探査機を木星へ向けて打ち上げ、その重力でUターンし、太陽のスレスレをかすめる軌道に乗せる。そして「オーベルト・マニューバー」と呼ばれる方法で一気に加速する。オーベルト、覚えているだろうか。そう、第1章で出てきたドイツのロケットの父だ。彼は太陽のように重力の強い天体のすぐそばをフライバイする瞬間にエンジンを噴射すれば非常に高い加速が得られることを発見した。これを用いれば、20年から30年でオウムアムアに追いつくことができるのだ。

もう一つ、恒星間天体を探査する方法がある。来るまで待つのである。

先述の通り、恒星間天体は時折太陽系に前触れなくやってくる。難しいのは、発見からものの数ヶ月で飛び去ってしまうことだ。探査機を作って打ち上げる頃には、もうはるか遠くに行ってしまっている。

そこで、探査機をあらかじめ宇宙で待機させておくのである。このアイデアの先陣を切るのが、ESAとJAXAが共同で行うコメット・インターセプターという計画だ。二〇二九年に三つの探査機を打ち上げ、太陽と地球が釣り合う場所である第2ラグランジュ点で来訪者を待ち構える。接近可能なターゲットが発見されたら、イオンエンジンを噴射して軌道を変え、太陽の近くを通る時にフライバイするのだ。コメット・インターセプターの主なターゲットは恒星間天体ではなく長周期天体だが、ちょうど良いタイミングで接近可能な恒星間天体が出現すれば、太陽系外からの使者を間近に観測できるかもしれない。

可能性は非常に低いだろうが、もしそれが本当に宇宙人の探査機だったら、とイマジネーションが膨らむ。お互いの探査機のフライバイがファースト・コンタクトになるのだ。彼らの探査機はどんな形をしているのだろうか。どんなエネルギー源で駆動し、どんなテクノロジーが搭載されているのだろうか。もしかして人工冬眠した宇宙人が乗ってはいまいだろうか。彼らは地球を間近に観察して、我々のことをどう思うのだろうか。

虚空に放たれたラブ・ソング

現在すでに、太陽系外の星々の世界に向かっている船がある。既に何度か登場したボイジャー姉妹である。天王星・海王星に行くにしてもそうでないにしても、二機ともいずれは太陽の重力を振り切って星間空間を永遠に旅する軌道に乗ることが、打ち上げ前からわかっていた。

確率は低いが、もしかしたらボイジャーは宇宙人に遭遇するかもしれない。そんなイマジネーションから、打ち上げ九ヶ月前の一九七六年十二月、ＪＰＬはカール・セーガンにある仕事を依頼した。姉妹に託す「宇宙人への手紙」をしたためる仕事だ。

宇宙人への手紙に何を書くべきか。もちろん、太陽系にいかなる惑星があるか、地球の直径や質量はいかほどか、大気の組成は何か、そこに住む生物や人間はどんな体を持ち、遺伝情報はいかなる形で伝達されるのか、そんな科学的な情報を宇宙人は知りたがるだろう。だが、セーガンはこうも考えた。

「ボイジャーが出会う文明は、科学について我々よりはるかに多くを知っているだろう。ただ科学的情報だけではなく、我々の何かユニークな面を伝えるべきではないか。」

セーガンはドレークに相談した。「ドレーク方程式」のドレークだ。ドレークはこんな意外なアイデアを出した。

「音楽レコードを送ってはどうか?」

レコード、と言っても若い世代の読者の方にはピンとこないかもしれない。現代では音楽はスマホやインターネット配信で聞くのがほとんどだ。僕はCD世代だった。中学の頃、好きだったミスター・チルドレンの新曲を首を長くして待ち、発売日の学校帰りにレコード・ショップに寄って、アーティスティックなジャケットに包まれた12㎝の光学ディスクを買い、胸を躍らせて家に帰った。小遣いは月4,000円だったから、3,000円のアルバムはなかなかの出費だった。

僕の一世代上はレコード盤で音楽を聴いた。CDよりかなり大きい、直径17㎝ないし30㎝のビニール製のディスクで、その表面に無数の細かいギザギザがあり、針でそのギザギザをなぞることで録音された音楽を再生することができた。

宇宙人が人間の文字を読めるわけはあるまいが、レコードならば音を直接送れる。音楽も入れられる。ドレークのアイデアは採用され、LPという規格のレコード盤がボイジャーに乗せられることになった。表面は長旅での劣化を防ぐために金メッキされたため、「ゴールデン・レコード」と呼ばれた。

宇宙人へ音楽を送る。なんと美しいアイデアだろう。音楽は人類の想像力と創造性の結

ゴールデン・レコードの収録曲

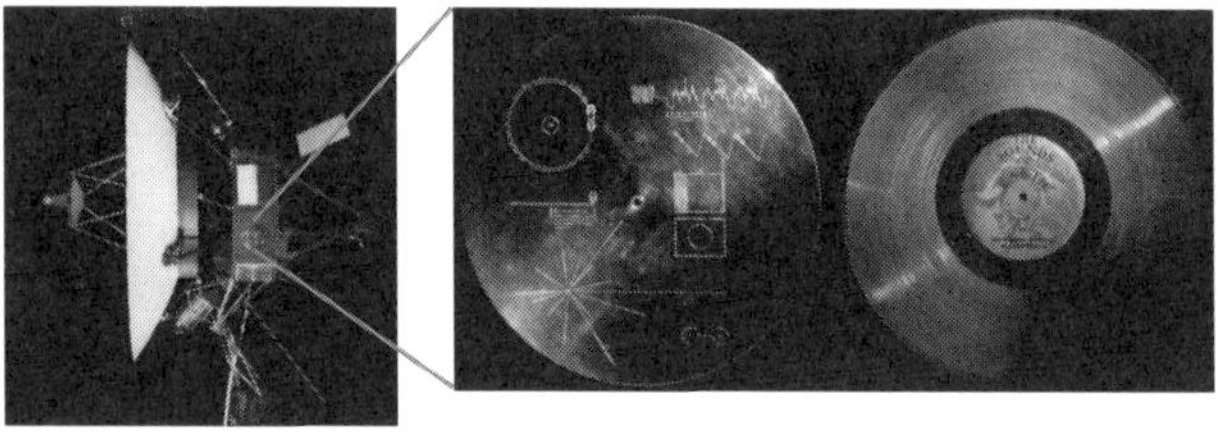

1. バッハ、ブランデンブルク協奏曲第２番（ミュンヘン・バッハ管弦楽団、指揮：カール・リヒター）
2. インドネシア・ジャワ島、Kinds of Flowers
3. セネガルのパーカッション
4. ザイールのピグミー少女による儀式の歌
5. オーストラリア・アボリジニ「朝の星」「悪魔の鳥」
6. ロレンソ・バルセラータ、 El Cascabel
7. チャック・ベリー、ジョニー・B.グッド
8. ニューギニア・男たちの家の歌
9. 巣鶴鈴慕（演奏：山口五郎）
10. バッハ、無伴奏ヴァイオリンのためのソナタとパルティータ第3番からロンド形式によるガヴォット（演奏：アルテュール・グリュミオー）
11. モーツァルト、魔笛から復讐の炎は地獄のように我が心に燃え
12. グルジア・Tchakrulo
13. ペルー・Panpipes and drum
14. ルイ・アームストロング、メランコリー・ブルース
15. アゼルバイジャンのバグパイプの演奏
16. ストラヴィンスキー、春の祭典から「生贄の踊り」（コロンビア交響楽団、指揮：ストラヴィンスキー）
17. バッハ、平均律クラヴィーア曲集第2巻から前奏曲とフーガ ハ長調（演奏：グレン・グールド）
18. ベートーベン、交響曲第５番第一楽章（フィルハーモニア管弦楽団、指揮：オットー・クレンペラー）
19. ブルガリア、 Izlel je Delyo Hagdutin
20. アメリカ・ナバホ族、Night Chant
21. ホルボーン、ヴァイオルもしくはヴァイオリン属と管楽器のためのパヴァン集、ガリアード集、アルメーン集ならびにエア集
22. ソロモン諸島のパンパイプの演奏
23. ペルーの結婚式の音楽
24. 伯牙、流水（演奏：管平湖）
25. インド・Jaat Kahan Ho
26. ブラインド・ウィリー・ジョンソン 、Dark Was the Night
27. ベートーベン、弦楽四重奏曲第13番（ブダペスト弦楽四重奏団）

ボイジャーに「宇宙人への手紙」として搭載されたゴールデン・レコードと収録曲。
「人類ベスト盤」と言えるだろう
Image credit: NASA/JPL-Caltech

晶だ。音楽は人の美意識や豊かな感情を直接伝えられる。音楽は言葉や方程式では決して表現できない、人類の真にユニークな側面を伝えることができる。

このレコードはいわば「人類のベスト盤」だ。世界中の数ある名曲からたった27曲を厳選するのは大変だったに違いない。もしあなたならば、どの27曲を選ぶだろうか?

ゴールデン・レコードに収録されたのは、たとえばモーツァルトの『魔笛』の一曲やベートーベン『運命』の冒頭部。ストラヴィンスキー本人がタクトを振った『春の祭典』、グレン・グールドが情熱的に解釈したバッハの『平均律クラヴィーア曲集』、ルイ・アームストロング『メランコリー・ブルース』の哀愁漂うトランペットの音も収録された。

もちろん西洋音楽だけが音楽ではない。27曲中14曲は世界の民族音楽だ。日本からは人間国宝の尺八奏者・山口五郎による『巣鶴鈴慕』という曲が収められている。

右ページに全収録曲を示した。「人類ベスト盤」に必ず入るべきあるアーティストが抜けているのに、お気づきだろうか?

そう、ビートルズだ。事実、セーガンはビートルズの『ヒア・カムズ・ザ・サン』を入れることを打診し、ビートルズの四人の元メンバーも乗り気だったそうだ。だがレコード会社が権利を承諾せず、実現しなかった。代わりに入ったのが、チャック・ベリーの『ジョニー・B.グッド』だった。

ゴールデン・レコードには音楽だけではなく、55ヶ国語による挨拶や、地球の様々な音、そして116枚の画像も収められた。風の音。雷鳴。砂漠、森、花、木の写真。コオロギの鳴き声。クジラの歌。狼の遠吠え。イルカのジャンプ。鳥の飛翔。晩餐の風景。新体操選手。スーパーマーケット。渋滞。家。高層ビル。列車や飛行機の騒音。どこかの家族の集合写真。花嫁の踊り。キス。赤ちゃんの泣き声と優しくあやす母。娘を抱き微笑む父。

カール・セーガンは著書『コスモス』にこう書いている。

(ゴールデン・レコードの収録曲の)いくつかは我々の宇宙的な孤独を表現している。我々の孤立を終わらせる願望、宇宙の他の存在とコンタクトする切望を表現している。そして、生命が生まれた日から人類の誕生まで我々の祖先が聞いてきただろう音から、急成長する最新の技術の音までが含まれている。クジラの歌のように、それらは深遠な虚空に放たれたラブ・ソングだ。ほとんどは理解不能だろう。だが、トライすることは重要だ。だから我々はそれを送った。

打ち上げから三十五年後の二〇一二年八月二十五日、ボイジャー1号は人工物として史上初めて太陽系の境界と考えられているヘリオポーズを超え、星間空間に入った。続いて妹の2号も二〇一八年十一月五日にヘリオポーズを跨ぎ越した。この先の旅路は長い。次に星に「近づく」のはおよそ四万年後。グリーゼ445という星から約1.6光年の距離を通過する。そしてその後も、おそらく宇宙が終わるまで虚空を漂い続ける。

もしかしたら何億年か先に、オウムアムアのように異星人が住む星系をかすめ飛ぶことがあるかもしれない。その時、異星人のコメット・インターセプターのような探査機がボイジャーに近づいて調べるかもしれない。彼らはゴールデン・レコードに気がつくだろうか。我々のラブ・ソングを理解し、受け取ってくれるだろうか。

恒星間飛行

ボイジャーの寿命は良くてあと十年程度だ。たとえボイジャーが宇宙人と出会っても、我々が知るすべはない。稼働している探査機を系外惑星へ送り込み、その写真や観測データを地球に送りたいものである。

ブレークスルー・スターショットという大胆な構想がある。4.3光年離れたプロキシマ・ケンタウリへ20〜30年で到達する探査機を送り込むアイデアである。

まず、地球軌道に大きさたった数cm、重さ数gの「スターチップ」という超小型宇宙船を浮かべる。スターチップはソーラーセイルのように平たい帆のような形状をしている。

そこへ地上から超強力なレーザー光を照射して1万gで加速し、一気に光速の15％から20％まで加速する。

二〇一六年四月、ロシアの大富豪であるユーリ・ミリナーが、スティーブン・ホーキング博士やメタ（旧Facebook）CEOのマーク・ザッカーバーグと共にこのアイデアに1億ドル（当時の為替レートで約110億円）を出資することが発表され、世界の注目を集めた。

夢のようなアイデアだが、もちろん技術的課題は多い。たった数gのスターチップに軌道修正用エンジン、電源、コンピューター、カメラなど、宇宙探査機のすべての機能を搭載できるのか。星間物質との衝突に耐えることはできるのか。僕は通信が最大の技術的ネックだろうと思う。レーザー光を用いてデータを送信する構想だが、電力や搭載できる光学機器が非常に限られる中で、4光年の距離を超えて十分なデータ量を送れるのだろうか。初期段階の研究は終了し、現在のところは研究開発は停止している模様である。

僕はこうも考える。根本的な問題は、人間が生きるタイムスケールと比較して宇宙が大きすぎることにある。ならば、「自分が生きている間に見たい」という欲を諦めさえすれば、別の解があるかもしれない。

近未来に実用化可能な技術を組み合わせれば、光速の0.1％ないし1％程度まで加速することは可能だろう。数百年から数千年の時間をかければ、プロキシマ・ケンタウリやトラピスト1といったハビタブルな惑星を持つ星系に到達できる。

問題は二つある。一つは、数百年から数千年も稼働し続ける宇宙船を作ることができるか、という問題だ。故障を修理するロボットが必要だろうし、ロボット自体を修理するロボットも必要だろう。もしかしたらその宇宙船は無数のロボットの「生態系」でできているかもしれない。生物の体のように、ロボットが壊れたロボットを部品や素材に分解し、そこから新しいロボットを作る。そうして宇宙船全体の恒常性を保つのだ。

だが、もう一つの、もしかしたらもっと困難かもしれない問題がある。その宇宙船が数百年から数千年かけて系外惑星にたどり着き、驚くべき発見をして、それを地球に向けてレーザー光で送信する。その時、果たして地球にまだ人類はいるのだろうか?

系外惑星探査の限界は、もしかしたら文明の寿命にあるのかもしれない。

沈黙

地球外文明とのファースト・コンタクトはいかなる形になるだろうか? 映画によくあるようにUFOから宇宙人が降りてくるのだろうか? 月でモノリスが発見されるのだろうか? あるいは、異星人の「ベスト盤」が添えられた探査機がある日突然墜落してくるのだろうか?

地球外文明探査（ＳＥＴＩ）を行う科学者の多くは、ファースト・コンタクトは電波によるものだろうと考えている。電波による通信は宇宙船を送るよりはるかに安価で、遠くまで到達する上、光のスピードで飛ぶことができるからだ。

宇宙人からの電波を探すことに一生をかけた人がいる。本章で既に何度か登場した「ドレーク方程式」の名の元になった、フランク・ドレークである。

僕はドレークの存命中に二度会ったことがある。「ドレーク方程式」を生んだ時は夢に燃える三十一歳の若手研究者だったドレークは、八十四歳になっていた。顔は年相応に白眉白髪で皺が深く刻まれていたが、足腰はしっかりしており、明晰な知性も好奇心旺盛な魂も衰えていなかった。だが何か、冬枯れの野に取り残されたヤシの木のような寂しさが、彼の目の奥にあった。

彼は探し続けた。彼のキャリアの全てを捧げ、半世紀以上も探し続けた。

彼が見つけるのに最も労力を割いたのは、宇宙人からの電波よりも資金だったかもしれない。ＳＥＴＩは常に資金不足に悩まされ続けた。

ドレークは一九六〇年に世界初のＳＥＴＩであるプロジェクト・オズマを行なった。直径26ｍのアンテナを銀河に存在する千億の星の中のたった二つに向け、二週間観測した。何も聞こえなかった。これは宝くじを2枚だけ買って外したようなもので、ドレーク自身も「当たり」を期待したわけではなかっただろうが、この象徴的なプロジェクトは多くの人にインスピレーションを与えた。

それ以降、ドレーク自身を含む世界各地の天文学者がSETIプロジェクトを立ちあげ、星々にアンテナを向けた。世界はアポロの熱狂の中にあり、しかし月以遠のことはほとんどわかっておらず、わからないが故に人々のイマジネーションは縛られず、『2001年宇宙の旅』に代表されるようなオプティミスティックな未来観が人々に共有された。政府の研究資金も現在よりもオプティミズムに対して寛容だったのかもしれない。初期のSETIプロジェクトの多くは国からの研究資金を受けて行なわれた。

だが、当時は系外惑星が発見されるはるか前で、銀河の千億の星のどれがハビタブルな惑星を持つか見当すらなく、そもそも惑星が銀河にいかほどあるかすら知られていなかった。狙いを定められない以上、できることは「宝くじ」をたくさん買うことだけだった。自ずと、探査は薄く広くならざるを得なかった。たとえば一九八〇年代に行なわれた最も網羅的なSETIであるMETAプロジェクトでさえ、ひとつの星に対して2分ずつ、非常に限られた周波数で耳を澄ましただけだった。

疑わしい候補はいくつか見つかった。最も有名なものは一九七七年に受信された「Wow！シグナル」と呼ばれるものだ。72秒間にわたって、銀河の中心方向から、狭い周波数で非常に強力な電波が届いた。紙にタイプされた信号を見た天文学者が思わず「Ｗｏｗ！」と書き込んだことから、「Ｗｏｗ！シグナル」と呼ばれるようになった。だが、Ｗｏｗ！シグナルを含む疑わしい信号は全て再現性がなかった。同じ方向に同じ周波数でアンテナを向けても、同様の信号を受信することは一度もなかった。検証のしようがなくては「発見」にはならない。

地球からメッセージを送ったこともあった。一九七四年、プエルトリコのアレシボ天文台より、地球から2万5千光年の距離にあるヘルクレス座の球状星団M13へ向け、1，679ビットのメッセージを送信した。もし返事が来るならば、それは5万年後であろう。

宇宙の大きさに比して、人の忍耐力は小さかった。一向に得られない成果に政府は研究資金を渋るようになった。科学にとっては「見つからない」ことも成果ではある。地球外文明の存在確率の上限がわかるからだ。だが、政治家も納税者も、わかりやすい「ニュース」を科学に求める傾向があるのは否めない。一九九二年以降、アメリカ連邦政府はＳＥＴＩに対する研究費を1セントも出していない。

それでもドレークは、這いつくばって資金を集めては「宝くじ」を買い続けた。政府に頼れないと悟った彼は篤志家を頼った。二〇〇三年、マイクロソフト共同創業者であるポール・アレンより2500万ドル（約30億円）の寄付を受け、カリフォルニアの砂漠に42

機の合成開口アンテナから成るアレン・テレスコープ・アレイ（ATA）が建設された。しかし、さらなる寄付はなかなか集まらず、当初の計画された350機のアンテナの建設は叶わぬばかりか、二〇一一年には運営資金不足でATAは一時閉鎖に追い込まれる。八十歳の老ドレークは資金集めに奔走し、なんとか八ヶ月後に再開にこぎつけた。

資金不足を逆手に取った独創的な取り組みも行なわれた。一九九九年、黎明期のインターネットを用いたSETI@homeというプロジェクトが始まった。なぜインターネットなのか？　実は、SETIに必要なのは電波を集めるアンテナだけではない。コンピューターも必要だ。データは既に大量にあった。電波望遠鏡がSETI以外の用途でも電波を日々空から集めているからだ。解析されずにディスクに眠っているデータは山ほどある。そこに宇宙人からのメッセージが隠れているかもしれない。しかし、解析に必要なスーパーコンピューターを買う資金がない……。

そこで目をつけたのが、インターネット上に眠る計算リソースだった。当時は一般家庭の何千万台というコンピューターがブロードバンドに常時接続され始めていたが、一日の大半は使われていなかった。ならば、それを使ってデータ解析をさせてもらえないか？　それがSETI@homeのアイデアだ。誰でも無料の解析ソフトをインストールするだけで参加できる。ソフトは自動でデータをダウンロードし、コンピューターが使われていない間に地球外文明からの信号を探す。

参加しても報酬は一切ないが、もしかしたら自分の家のコンピューターが歴史的発見をもたらすかもしれない。そんな興奮からSETI@homeは一気に広まった。二〇二〇年、プロジェクトが停止するまでに五百万人以上が参加し、総計算時間は二百万年に達した。世界最大の分散コンピューティングプロジェクトであり、二〇〇八年にはギネス記録にもなった。それでもまだ、解析されたデータは全天の２％程度である。

二〇一五年、ドレークやスキャンダルが起きる直前だったマーシーらがロンドンに集まり、ある発表が行なわれた。ロシア系アメリカ人の富豪投資家ユーリ・ミルナーが、１億ドル（約１２０億円）をＳＥＴＩのために寄付すると発表したのだ。Breakthrough Listenと名付けられたこのプロジェクトは、若き日のドレークが使ったグリーンバンク電波望遠鏡などを用い、十年にわたってかつてない規模のＳＥＴＩを行なう。

宇宙人との遭遇というイマジネーションには強力な感染力がある。たとえ政府からの研究費を絶たれても、それは大富豪の心に感染し、インターネットで繋がった何百万の人々の心に感染し、現在のＳＥＴＩを支えているのである。

ドレークは生きている間にそれを見たかったに違いない。その夢は叶うことなく、二〇二二年、ドレークは地球外文明探査に捧げた93年の生涯を閉じた。人の一生は宇宙の時間スケールから見れば蛍の一瞬の淡い光だ。星々は、一人の老天文学者の人生をかけた願いが耳に入らぬかのように、無情な沈黙を続けた。

いつか、その沈黙が破られる日は来るのだろうか？

なぜ宇宙人からのメッセージは届かないのか？

好きな人から返事がこないと、あなたは携帯を1分おきにチェックしながら理由を悶々と考える。考えても考えてもメッセージは届かない。

人類も現在、悶々と考えている。なぜ、まだメッセージは届かないのか、と。

もしかしたら、宇宙人は電波以外の方法で交信しているのかもしれない。それは重力波や量子テレポーテーションを利用した通信かもしれないし、人類がまだ知らぬ物理法則を使っているのかもしれない。たとえ電波を使っていても、シャノンの情報理論によれば最大効率で圧縮された情報は圧縮法を知らない限りノイズと区別できない。だから宇宙人のテレビ放送や携帯電話の電波を判別できないのかもしれない。だが、大人が二歳の子供と話すときにわざと難しい言葉を使わないように、もし宇宙人が地球人とコミュニケーションを取りたければ、我々の原始的な技術レベルに合わせた方法でメッセージを送ってくるはずではないか？

もしかしたら、見逃しているだけかもしれない。宇宙人は何度も地球に電波を送っているのに、その時間にその方向へ正しい周波数でアンテナを向けていなかっただけかもしれない。国会議員がSETIの予算カットを議論していたその時も、連邦議事堂の中を宇宙人からの電波が素通りしていたのかもしれない。

もしかしたら、マーシーとバトラーがデータの中に埋もれていたホット・ジュピターの証拠を見逃していたように、すでに宇宙人からの電波を受信しているのに気づいていないだけかもしれない。何か人類が些細な常識に囚われているために、データの中に埋もれているメッセージに気づいていないだけかもしれない。あるいは送り手の方が、彼らの常識に囚われた送り方をしているのかもしれない。

もしかしたら、宇宙に存在するのは内向きな文明ばかりだからかもしれない。宇宙人たちが気にするのも生活や娯楽や芸能人のスキャンダルや国同士のいざこざばかりで、遠くの星と交信することなど興味がないのかもしれない。地球より圧倒的に進んだ技術を持っていても、技術的才能が使われるのは、VRゲームに子供がもっと課金するような仕掛けや、バイオ食品合成機のソースに新しい味を追加することや、消費者のサブリミナルに訴え購買意欲をそそらせる家庭用AIや、肌の色がミントグリーンの種族とモスグリーンの種族が殺しあうための兵器開発ばかりで、何の役に立つかわからないSETIや宇宙探査などに血税を使えばたちまち批判されるからかもしれない。

もしかしたら、地球が危険だからかもしれない。血なまぐさい殺し合いを数千年にわたって繰り広げてきた銀河史上最も野蛮な種族が、その征服欲を一向に抑えられぬまま急速に技術を発達させるのを、宇宙人たちは戦々恐々としながら見ているのかもしれない。もし彼らの惑星の存在が知られてしまえば早晩地球人にテラフォーミングされ植民地化されてしまうと恐れているのかもしれない。まるで肉食獣がうろつくサバンナの草陰で息を殺す野ウサギのように、地球の方向へ決して電波を出さないように用心しているのかもしれない。「Ｗｏｗ！シグナル」を間違えて送ってしまった宇宙人はきつくお灸を据えられているのかもしれない。

もしかしたら逆に、地球が平凡すぎるからかもしれない。銀河に何億とある生命を宿す世界の中で、地球は何の変哲もない、何の面白みもない世界なのかもしれない。コメディSF『銀河ヒッチハイク・ガイド』で、旅行ガイドブックに地球は「ほぼ無害」としか書かれていなかった、というジョークがある。地球はパリや京都やメッカやグランド・キャニオンではなく、百年間誰も旅行者が訪れない、名の知らぬ国の名の知らぬ村のような場所なのかもしれない。インスタ映えを好む宇宙人旅行者の興味をそそらないばかりか、ニュース性のある発見を求める宇宙人科学者がアンテナを向ける価値すらないのかもしれない。

もしかしたら、地球文明があまりにも原始的なため保護の対象になっているのかもしれない。アマゾンやニューギニアのジャングルの奥には現在も「未接触部族」が百余りあることが知られている。文明と一度も接触したことがなく、原始時代のままの生活をしている部族だ。政府は彼らの貴重な文化を保護するため未接触部族へ干渉しないようにしている。地球は銀河ユネスコの「保護文明リスト」に登録され、接触が厳しく制限されているのかもしれない。地球人に見られてしまったUFOのパイロットには、帰還後に重い罰金が待っているのかもしれない。

あるいはもしかしたら、宝くじに当たりはないのかもしれない。千億の星が輝く銀河に、千億の銀河がたゆたう宇宙に、地球以外の文明は一つもないのかもしれない。我々は本当にひとりぼっちなのかもしれない。

一九〇六年のクリスマス・キャロル

だが、我々は考えすぎなのかもしれない。好きな人から返事がこない理由を悶々と考えるとき、人は往々にして過度に複雑で、無用に楽観的または悲観的な仮説を作り上げるものである。たいていの場合、真実はもっと単純だ。

おそらく、最も単純な仮説はこうだ。我々が短気なだけではなかろうか？

たとえば、ある人にメールを送る。そのメールがインターネットを介して相手に届くまでに、おそらく0．1秒程度かかるだろうか。ならばたとえ自動応答でも返事が届くまで0．2秒かかる。我々は単に、送ってから0．2秒すら待たずに「まだ返事がこない」とやきもきしているだけではないか?

映画化もされたカール・セーガンの小説『コンタクト』にあったように、宇宙人が地球文明の存在に気づくとしたら、ラジオやテレビの電波を受信することによる可能性が高いと思う。なぜならそれは人類が発信した最初の継続的で高強度の電波であるからだ。東京タワーのような電波塔からは全方位に電波が発信されるため、一部は空を抜け宇宙を旅する。それが、人類から宇宙へ向けて光の速度で送られた「メール」となる。

人類初のラジオ放送が行なわれたのは一九〇六年のクリスマス・イブだった。アメリカのマサチューセッツ州でクリスマス・キャロルと聖書の朗読が放送された。その電波は二〇二四年現在、地球から118光年の位置を飛んでいる。もし仮に、地球から100光年の位置に地球外文明があって、一九〇六年のクリスマス・キャロルを聴いたとしよう。すぐに地球へ向けて返事の電波を送っても、それはまだその星から18光年の距離しか旅していない。地球に届くまでにはあと82年かかる。

このような理由で、二〇二四年現在までに地球に返事が届くには、文明が地球から55光年以内になくてはならない。この範囲にある星の数はおよそ１８００。銀河にある星のわずか一億分の一でしかない。まだ返事が来ないのは、ただ単に最寄りの文明が59光年より遠いだけだからかもしれない。

どれだけ待てば返事は来るのだろうか？　一九〇六年のクリスマス・キャロルは、今この瞬間も光の速度で宇宙に広がり続けている。もしかしたら明日返事が来るかもしれない。来年かもしれない。あるいは、百年、千年、一万年待たなくてはいけないかもしれない。

面白いのは、返事が来うる範囲にある星の数が、待ち時間の三乗に比例して加速度的に増えることだ。つまり、2倍待てば8倍、3倍待てば27倍、10倍待てば１０００倍の星から返事が来うるということだ。理屈は単純だ。地球の電波の到達範囲は、ちょうど風船が膨らむように光の速さで球状に膨らむ。その球の体積は半径の三乗に比例する。地球近傍の星の密度が一定ならば、球に含まれる星の数も三乗に比例して増える。

まだ人類は百年とちょっとしか待っていない。だからまだ１８００の星しか圏内にない。[*8]もう百年ほど待てば約一万の星がこの圏内に入る。西暦二三〇〇年頃まで待てば十万、二八〇〇年頃まで待てば百万になる。きっとその中には、一九〇六年のクリスマス・キャロルに興味を惹かれる文明もあるのではなかろうか？

そしてそれを追うように、地球からは様々なラジオやテレビ放送が届く。地球の風景や、

＊8　2018年の旧版出版時には、この球内の星は約1500だった。6年で約300増えたが、いまだに地球外文明からの「返事」は届いていない。

街の様子や、人々の暮らし、科学番組、料理番組、ニュース、ドラマ、ポルノ、バイオレンス、戦争のプロパガンダや、王族の結婚式、アポロ11号の月着陸、あるいは二〇二三年の阪神タイガース日本一などの映像から、人類文明の光の面も闇の面も知ることができるだろう。ゴジラやポケモンは地球の生態系の理解に若干の混乱をきたすかもしれないし、なぜ天井からタライが降ってきて人々が爆笑しているのか、なぜ優勝して喜ぶ人たちが道頓堀へ飛び込んでいるのか、宇宙人の文化人類学者は頭を悩ますかもしれない。

彼らとコンタクトできるか、できないか。それは、人類がどれだけ待てるかにかかっている。

しかし、「待つ」とは何を意味するのか?

それまでに滅んでしまわないか、ということだ。

では、人類はどれだけ待てるのだろうか?

文明の寿命

映画などでもっともよく見る人類滅亡の原因はおそらく、小惑星や彗星の衝突だろう。恐竜絶滅の原因も、直径10〜15㎞の小惑星の衝突だったと考えられている。

だが、向こう百年から千年のスパンで見た場合、その確率は非常に低い。百年以内に直径5㎞以上の小惑星が地球に衝突する確率は0．005％（二十万分の一）ほど、千年待っても二万分の一だ。それに大きな小惑星ほど早期発見が容易だ。ひとつの都市や国が壊滅するような衝突はないとは言い切れないが、人類全体が滅亡するような巨大隕石の衝突は、まず心配しなくて良いだろう。

もう一つ映画で頻繁に描かれる人類の危機は、宇宙人の侵略だ。だが、その可能性はさらに低い。もし地球外文明があるならば、ほぼ間違いなく我々より何万年も先に生まれていたという話を思い出してほしい。もし彼らが惑星の植民地化を繰り返す欲深い宇宙人だったとして、彼らの視点に立って考えてみよう。彼らは植民地化する惑星を血眼に探している。ハビタブルな惑星の検出は現在の人類でもできるのだから、彼らは人類文明が興るはるか前から地球に気づいていただろう。ならば、その世界に核兵器を持ち地下資源を掘り荒らす種族が登場するまで侵略を待つ理由はどこにもない。地球は四十億年もの間、無防備だったのだ。四十億年起きなかった事象が向こう百年で偶然発生する確率は四千万分の一。飛行機の墜落よりはるかに低い。そして銀河には現在も無防備で未開発でハビタブルな惑星が山のようにあるだろう。地球文明がその存在を電波で発信しだした今、宇宙人が侵略対象として地球を選ぶ確率はさらに低くなっただろう。

だから、もし人類文明が向こう百年ないし千年の短期間で大幅な後退あるいは滅亡するとすれば、もっとも可能性のある原因は、人類自身の過ちだろう。

たとえば、地球温暖化が現在のペースで進行すれば、向こう百年のスケールで人類文明の脅威となることはほとんどの科学者の一致した見解である。二〇二三年にIPCC（気候変動に関する政府間パネル）がまとめた約四千ページにもおよぶ第六次評価報告書によれば、二酸化炭素の排出量が2050年まで現在のレベルに抑えられ、二一〇〇年にカーボン・ニュートラルが達成されたとしても、二一〇〇年の地球の平均気温は一八五〇年から一九〇〇年の平均と比べて2.1℃から3.5℃上昇するだろうと予測している。そして2℃の温暖化は、50年に1度の熱波の発生確率を13.9倍に、10年に1度の旱魃の発生確率を2.4倍に引き上げるだろうと警告している。

核兵器も文明への大きな脅威だ。アメリカとロシアはお互いを完全に破壊できる核兵器を持ち合うという「相互確証破壊」を維持しており、核削減は牛の歩みである。向こう1年の間に核戦争が起きる確率はどの程度だろうか？　1%と見積もったら、それは高すぎるだろうか、低すぎるだろうか？　僕は国際政治の専門家ではないのでわからないが、仮に1%としてみよう。そして、あらゆる核拡散のリスクにかかわらず、この確率は一定に保たれると仮定しよう。すると、向こう百年で核戦争が起きる確率は64%、三百年では95%、千年では99.995%である。

増大し続けるエネルギー消費もリスクだ。自然エネルギー発電に切り替えれば解決すると思われるかもしれないが、長期的にはそうではない。

一九六五年から二〇一五年までの間に世界のエネルギー消費は平均して年2.4%ずつ増えた。二〇〇〇年以降に限っても年2.2%ずつ伸びている。*9 では、もし仮に、エネルギー消費がこのまま毎年2.2%ずつ増え続けたらどうなるか？*10
もし地球の陸地全てを、街から森から砂漠まで少しの土地も余すことなく効率20%の太陽電池で覆っても、毎年2.2%ずつエネルギー消費が伸び続ければ、約三百年後には足りなくなる。効率100%の架空の太陽電池で陸だけではなく海も覆っても75年しか延命できない。自然エネルギーへの転換は一時的な解決策でしかない。エネルギー消費の増大を止めなければ長期的には人類文明は必ず行き詰まる。

ならば核融合や宇宙太陽光発電所を使えばいいという人もいるかもしれないが、別の問題がある。使ったエネルギーは必ず熱として排出されることだ。そのため約五百年後には地表の温度が100℃に達する。

もちろん、その頃には人類は太陽系の隅々に移民しているだろう。それでも、毎年2.2%ずつエネルギー消費が増え続ければ、約1400年後には太陽が放出するすべてのエネルギーを使わなくてはならない。SF好きの人にはおなじみの、太陽をすっぽり覆って

*9 BP, Statistical Review of World Energy (2016) より
*10 以下の試算は、2011年にカリフォルニア大学サンディエゴ校のトム・マーフィー教授が行なった試算に改訂を加えたものである。

全エネルギーを利用する「ダイソン球」を建設しても、わずか1400年で人類は太陽の全エネルギーを使い尽くす。

さらにそのままエネルギー消費が増え続ければ、約2500年後には銀河すべての星のエネルギーが必要になる。一千億のダイソン球が一千億の星を覆い隠し、銀河から光が失われる。

2500年以内に銀河全ての星にダイソン球を建設することは単純明快に不可能である。なぜなら銀河の直径は10万光年あるからだ。そして、もし毎年2．2％のエネルギー消費の伸びを2500年間維持した地球外文明があったならば、太陽もすでに異星人のダイソン球に覆い隠されているはずだ。今日もちゃんと地球に朝日が昇ったという事実から、文明は次の二種類しかないという結論が得られる。一つはエネルギー消費の指数関数的増加を抑制し数千年にわたって生きる文明。もう一つは、その前に滅びる文明だ。

だが、ここに宇宙の絶妙な自己調節機能があるのかもしれない。自らを滅ぼしてしまうほど愚かな、あるいは好戦的な文明は、他文明に接触する前に自壊するが故に、宇宙の安定が保たれているのかもしれない。そしてそれが宇宙から地球に侵略者が来ていない理由かもしれないし、また来ることを心配しなくてもいい理由かもしれない。

そして、宇宙人からのメッセージが届かない理由は、もしかしたらここにあるのかもしれない。夜空に二つの流れ星が同時に流れることが稀なように、文明は生まれてもすぐに自壊してしまうため、銀河に二つの文明が同時に存在することはごく稀なのかもしれない。銀河系は滅びた文明の残骸であふれているのかもしれない。

人類が滅びたあとの地球を想像してみよう。福島やチェルノブイリの避難区域のように、市街地は植物に覆われ、田畑は森に戻り、生き残った動物は人間を恐れることなく大いに繁殖するだろう。紙幣も契約書も六法全書も意味を失い、家も塔も寺もビルも崩れ、戦勝記念碑は雨に溶け、僕やあなたの墓も瓦礫となり、ハードディスクやフラッシュメモリは劣化し、本は朽ち、絵は退色し、写真は腐食し、楽譜は燃え、そして人類文明が一万年かけて積み上げた全ては宇宙から消え去るだろう。

いや、正確にいうと、人類や地球すら滅びても失われない人類文明の記録が、二つだけある。ボイジャー姉妹に託されたゴールデン・レコードだ。星間空間における劣化は非常に遅いため、ゴールデン・レコードは数十億年にわたってその記録を保持すると考えられている。それが人類最後の記録となるかもしれない。人類も地球も太陽すらも宇宙から消えた後も、誰かに出会うまで、ボイジャーは孤独に飛び続ける。

ゴールデン・レコードには、ラージャスターン語のこんな挨拶が収録されている。

「みんなこんにちは。俺たちはこっちで幸せだよ、君たちもそっちで幸せにな。」

コンタクト〜銀河インターネット

だが、滅びは人類の定めではない。人類は賢くなれる。人類は未来を変える力を持っている。そう僕は信じている。

もし、手遅れになる前に、世界の国々が自国の経済成長だけでなく人類全体の利益のために手を取り合い行動する叡智を持てたならば。もし政治家に来年の選挙のことではなく百年、千年先の社会の繁栄を慮る良心が備われば。もし企業に株主価値の向上だけではなく人類文明の向上に対して責任を担う自覚が芽生えれば。もし消費者が自らの物質的豊かさの追求だけではなく、自らの行動が地球の裏側に住む仲間に与えるインパクトを想像できるイマジネーションを持てたならば。

人類は待つことができる。そして百年ないし千年のスパンで、その日は必ず訪れるだろう。地球外文明からのメッセージを人類が受け取る日が。

そこには何が書かれているのだろうか？

カール・セーガンのSF『コンタクト』では、ある「機械」を建造する方法が書かれていた。『2001年宇宙の旅』では、モノリスは無言で人類を次のステージへ導いた。

そこに何が書かれているか？　もちろん知る方法はない。だからイマジネーションは完全な自由を与えられている。あなたは、何が書かれていると想像するだろうか？

僕はこんな想像をしている。「銀河インターネット」への接続法が書かれているのではなかろうか？

「銀河インターネット」とは僕の完全なイマジネーションだが、全くの無根拠でもない。先に、太陽から１０００天文単位ほど離れた太陽の重力レンズの焦点に宇宙望遠鏡を浮かべれば、系外惑星の大陸や街も見ることができるかもしれないと書いた。

同じ場所に中継衛星を置けば、太陽系サイズのアンテナになる。向こう側の星系の重力レンズ焦点にも同様の中継衛星を設置すれば、何百、何千、もしかしたら何万光年離れた文明と大容量通信が可能になる。つまりは銀河のブロードバンドだ。

もしかしたら、銀河に散らばる無数の文明同士は、それぞれの星の重力レンズを使ったブロードバンド網を張り巡らしているかもしれない。それぞれの文明は近傍のいくつかの文明と接続するだけでいい。それぞれがルーターとして機能すれば、インターネットのように銀河の反対側の情報もネットワークを介して得ることができるだろう。この「銀河インターネット」を使って、それぞれの文明が誇る科学的知識や技術、文化、芸術、美しい風景の写真や音楽を、何万光年という距離を超えて交換し合っているかもしれない。

もちろん、光の速さは有限だから、直径10万光年ある銀河の反対側にメールを送ってか

銀河インターネット

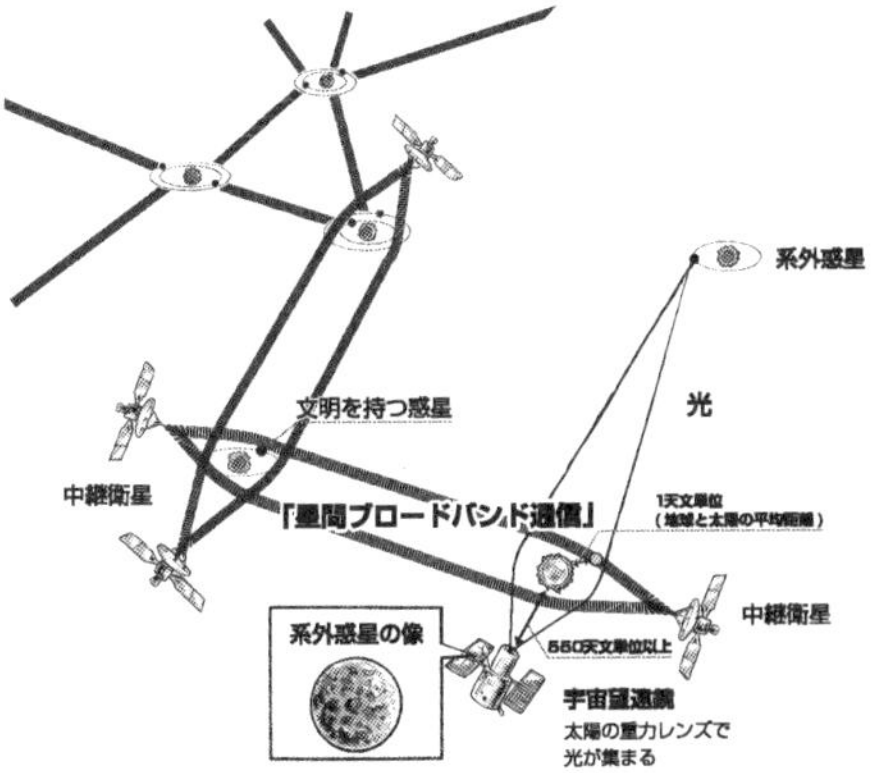

ら返事を受信するまでに20万年かかる。成熟した文明は気長でなければならない。だが、返事を待たなくとも、全ての文明がすべての知識をネットワークにアップロードしてしまえばいいかもしれない。数光年先の最寄りのミラーサーバーに問い合わせれば、銀河全ての知識がすでに保存されているかもしれない。

さらに、銀河中心の巨大ブラックホールの重力レンズを用いれば、他の銀河との交信も可能になるかもしれない。銀河の中心同士を結ぶリンクは、さながら宇宙の海底ケーブルのような役割を果たすだろう。

そのネットワークを通じ、銀河や宇宙に散在する数々の文明は集合的な文明を形成しているだろう。彼らは時には対立することもあるが、多くの場合は協力しあって宇宙スケールの問題の解決に当たっているかもしれない。未開の宇宙の辺境の探査や、新文明の探索を共同で行なっているかもしれない。小惑星の衝突回避のための技術提供をしたり、ガンマ線バーストによって危機に瀕した文明に援助を与えたりしているかもしれない。超新星爆発が近い星系の惑星を他に移動する協力をしているかもしれないし、あるいは1兆から100兆年後に訪れると考えられている宇宙の熱的死の運命を変える一大プロジェクトが行なわれているかもしれない。

もしかしたら、新文明が銀河インターネットに加わるための「審査」があるのかもしれない。自滅を回避できない愚かな文明や、銀河中を植民地化し資源を食い尽くす恐れのある貪欲な文明、お互いの喉元に核兵器を突きつけ合う危険な文明が、先進技術にアクセスすることを防止するための審査だ。ホモ・サピエンス（知恵の人）を自称する種族は、その名の通りの「知恵」を身につけることができるのか、まだ審査中なのかもしれない。

では、もし人類に銀河インターネットへの招待状と、通信プロトコルが書かれた技術資料が届いたならば、それは人類をいかに変えるだろうか。

銀河インターネットには、数あまたの文明が何万年、何億年かけて積み上げた、膨大な量の科学、数学、技術、哲学、芸術、そして社会システムについての知見が蓄積しているだろう。量子重力理論など現代の人類が取り組む科学的問題の答えや、リーマン予想、P

≠NP予想など数学の未解決問題の証明があるだろう。魂や、自我や、意識や、自由意志といった科学と哲学の接点領域の問題もとうの昔に解決されているかもしれない。資本主義でも社会主義でもない、万人に幸福と安定をもたらすことができる優れた経済システムもあるかもしれない。

おそらく科学技術や経済においては人類が銀河文明に与えるものはほとんどなかろうが、文化・芸術においてはあるかもしれない。開国後に日本美術がモネやゴッホに多大な影響を与えたように、地球美術は銀河の前衛芸術家に何かのインスピレーションを与えるかもしれない。もし炭水化物をエネルギー源とする宇宙人がいるなら、地球食が彼らの食卓を賑わすかもしれない。もし音楽を持つ文明があったならば、ニューオリンズのライブハウスで彼らが今まで試したことのないコード進行に出会うかもしれない。

人類は銀河文明と接続される時、ホモ・エレクトスからホモ・サピエンスへの進化をはるかに上回る爆発的かつ非連続的な変化を経験するだろう。北京原人を現代へタイムスリップさせてインターネットを使わせるようなものかもしれない。ファースト・コンタクトの日は、スプートニク、ガガーリン、アポロ11号、そして地球外生命発見の日とともに、人類の歴史に永遠に記録されるだろう。それはいわば人類の成人式である。そしてホモ・サピエンスは宇宙の人、「ホモ・アストロルム（*Homo Astrorum*）」へと進化する。

情報化時代の恒星間飛行

では、ホモ・アストロルムはいかにして宇宙を旅するのだろうか？

もしかしたら本当に宇宙人たちはＵＦＯを使っているのかもしれない。もしかしたら、反重力装置やワープ航法や波動エンジンの特許はとうに切れていて、技術資料が銀河インターネット上に公開されているのかもしれない。

あるいは、未来には人工冬眠の技術が確立したり、人間の寿命が大幅に延びたりするかもしれない。そうなれば急ぐ必要はない。鶴亀でなくとも千年でも万年でも航海できる。ボイジャー1号の速度でも、7万5千年あればアルファ・ケンタウリに行くことができるのだ。

だが、時に僕は思う。もしかしたら、宇宙船に乗って宇宙を移動するというスタイルは、人類の現在の常識に縛られているのではないか？

確かに現在の人類にとって「移動」とは乗り物に乗って肉体を運搬することを意味する。だが、果たして人類より何万年も進んでいる宇宙人が現代人類と同じように物理的な移動を行なっているのだろうか？　ＵＦＯから二足歩行の宇宙人が降りてくるというのは、現代の常識に縛られた乏しいイマジネーションではなかろうか？

NASA JPLとマイクロソフトが共同開発したOnSight。ヘッドマウント・ディスプレイを装着することで、三次元の火星の上を「歩き」ながらローバーに指示を送れる　Credit: NASA/JPL-Caltech

たとえば、ＮＡＳＡ ＪＰＬとマイクロソフトが共同開発した「OnSight」というシステムがある。ＪＰＬが持つ火星の三次元データをマイクロソフトのホロレンズというＶＲ（バーチャルリアリティー）グラスと融合させることで、火星ローバーのオペレーターは仮想現実の中で火星を歩きながらローバーに指示を出すことができる。

もちろん、現在の人類のＶＲ技術はまだまだ後進的で、五感のうち二感しか再現できない。僕もOnSightを試したことがある。三次元の火星の風景の中を歩けることに興奮したが、ホロレンズは重く、視野は狭く、僕の行動に対して環境からのフィードバックもなく、現実世界を歩くのとはまだ隔絶した差があった。

だが、未来のＶＲは人間の神経回路に直接信号を送り込み、五感すべてを忠実に再現することが可能になるだろう。そうなればもはや、宇宙船に何十年も乗って遠くの惑星に行く必要はなくなる。銀河インターネットで異世界の四次元モデル（つまり時間変化する三次元モデル）を送信してもらえばいいのだ。そうすれば、人間の肉体は地球にいながら、何百光年、何千光年彼方の世界を探査できる。ただ三次元映像を見るだけではない。異世界の風の音を聞き、花の匂いを嗅ぎ、土の柔らかさを足の裏で感じることができるだろう。地質学者は異世界の谷を歩きながらルーペで堆積層をつぶさに観察し、生物学者は異世界の奇妙な生物を手にとって研究できる。たとえその世界の大気や放射線環境が人体に適していなくても心配ない。異世界を地球の微生物で汚染する心配もなければ、逆汚染のリスクもない。

宇宙船を使わずとも肉体ごと異世界へ「移動する」方法もある。銀河インターネットを使い、宇宙人にクローンの作り方と遺伝情報を送信すればいい。僕のゲノム情報は電波として光速で宇宙を旅し、受信した宇宙人がクローンを作成する。すると僕と同じ遺伝子の赤ちゃんがオギャーと銀河の向こうで生まれる。もし、僕の脳に蓄えられた情報を読み取り、それを向こう側のクローンに書き込む技術ができたならば、彼は僕と全く同一の肉体と記憶と心をもつ。それはすなわち僕が銀河の向こう側に「移動」したことになるまいか。

もちろん、このアイデアにはデリケートな倫理的問題が伴う。そもそも人間のクローンを作ることは現代では倫理上許されないし、ましてや異星人に作らせるなどなおさらだ。

本当に脳の神経接続さえコピーすれば人格も意識も主観もコピーされるのかという問題もある。つまり、「自分」とは何かという古くからの哲学上の問題に行き着く。

科学技術はその時代の価値観に従わなければならない。可能だからといって何をしても許されるわけでは決してない。ボイジャーが Pale Blue Dot の写真から我々に教えてくれたように、科学技術はどれだけ進歩しても、自然や、宇宙や、命に対して謙虚であり続けなくてはならない。だが一方で、価値観は時代とともに変わるのも事実だ。過去の日本では女性が富士山に登るのはタブーだったし、キリスト教世界では同性愛は罪だった。

何が許され、何が許されないのか。いかにすれば文明は自滅の罠に陥らないのか。いかに進歩と持続可能性を両立させるか。いかに知的探究心と命の尊厳を共存させるか。存在とは何か。存在の意義は何か。我々はどこへ向かうべきなのか。現代の我々にはあまりにも難しい問題だ。ホモ・アストロルムにとっても難しい問題であり続けるかもしれない。だがきっと彼らは我々より、いくばくかは賢くなっているに違いない。

サピエンスの記憶

銀河文明の一員に迎えられた人類は、その何万年か後、新たなメンバーを迎える立場になるだろう。

その時、我々は彼らに何をもたらすことができるだろうか？　もし彼らがまだ、自らが作り出した気候変動や核戦争の危機に瀕していたら、我々は自らの経験と反省をもとに有益なアドバイスができるだろうか？　もし彼らの経済がまだ終わりのない膨張に頼ってい て、それが破裂しそうな時、我々はそれを持続可能な平衡状態へ軟着陸させる知恵を提供できるだろうか？　我々は過去の数々の過ちにもかかわらず、彼らに尊敬されうる文明になっているだろうか？　我々はただ他の先進文明に学ぶだけではなく、科学、技術、文化、芸術、哲学などにおいて、銀河文明へ貢献できているだろうか？　地球の音楽は、銀河のシンフォニー・ホールに鳴り響いているだろうか？

ホモ・アストロルムはホモ・サピエンスのことを覚えているだろうか？　翼も牙も持たぬ非力な猿が、銀河の辺境の、これといって代わり映えしない星の第三惑星の一大陸に生まれ、猛獣の影に怯えながら恐る恐る森を出て、知性のみを武器に七大陸へと旅立った時代を。昼には空を見上げては飛ぶことに憧れ、夜には星々に神の姿を想像した時代を。非力な望遠鏡でわずかな光子を集め、それが結ぶ不明瞭な像から遠くの世界の情報を絞り出そうと頭を捻った若々しき時代を。海に憧れたイマジネーション豊かな男が、最初の異世界への旅を活写した寓話のことを。その寓話に取り憑かれた男たちが失敗を繰り返しながら空へと近づいていった古き良き時代を。たった80 kgの小さな金属のボールが地球を回り、その音に世界が興奮と不安の入り混じった感情を向けた日を。いびつな形の宇宙船に乗って初めて地球以外の世界を訪れ、一人の男が灰色の大地に「小さな一歩」を踏み出した日を。初めて隣の赤い惑星に原始的な探査機を飛ばし、送られてきた写真を興奮しながら色鉛筆でレンダリングしたことを。様々な世界に小さな探査機を送り込み、間違いを繰り返しながら無知を少しずつ克服していった時代を。火星の干上がった湖底やエンケラドスの地底の海の中に生命の痕跡を初めて見つけ、宇宙にひとりぼっちではないことを知った日の喜びを。太陽系の果てから地球を振り返り、1ピクセルに満たない「淡く青い点」を見て、自らの傲慢を恥じた日のことを。そして自らの危機を初めて認識し、全人類が手と手を取り合ってその解決へと動き出した日のことを。

全ては記憶されるだろう。全てはホモ・アストロルムの歴史書に書き込まれるだろう。そして彼らは人類の歩みを振り返りながら、ジュール・ベルヌのこの言葉の意味を噛み締めるだろう。

「人が想像できることは、すべて実現できる。」

エピローグ

僕たちはずいぶんと遠くまで旅をした。

約200年前のジュール・ベルヌのイマジネーションからスタートしたこの旅で、僕たちはフォン・ブラウンとコロリョフが悪魔の力をも利用して宇宙飛行の夢を実現した現場を目撃し、ニール・アームストロングの「小さな一歩」の陰にあった有名ではない技術者たちの活躍を間近から眺め、「そこに何かいるのか、何がいるのか」という好奇心に駆られた科学者・技術者たちがワシントンの指示に逆らってボイジャーを海王星まで送り込み人類の宇宙観を覆すのに遭遇した。

旅は未来へと続き、地球外生命の発見を通して「我々は何者か、どこから来たのか、そして我々はひとりぼっちか」という有史以前からの深遠な哲学的問いに迫る数十年後の未来を訪れ、そして自らが招いた危機を智慧によって解決して地球外文明とのファースト・コンタクトを果たし、ホモ・アストロルムとして銀河文明の一員となった、千年後、一万年後の未来を垣間見た。

この旅で僕が最も伝えたかったことは何だったか、読者の皆さんにはすでにおわかりだろう。

イマジネーションの力だ。

宇宙開発のみならず、あらゆる科学技術は、ただ方程式を解いたり、望遠鏡や顕微鏡を覗いたり、図面を引いたり、プログラムを書けば前に進むものではない。それは例えるなら車の部品のようなものだ。タイヤやエンジンが勝手にどこかに走るのではない。運転手の南へ走るという意志が車を実際に南へと走らせる。その意志がイマジネーションだ。

もしかしたら現代は、人々がイマジネーションを働かせる余裕に乏しい時代かもしれない。テレビやインターネットやスマホが片時も休むことなく情報を吐き出す。自分から頭を働かせなくとも、生活空間はほんの小さな隙間すら情報で埋め尽くされる。旅先の静かな夜や、待ち合わせに遅れた恋人を待つ甘い時間さえ、スマホは余念なく我々の心を情報の鎖で縛り、イマジネーションを働かせる自由を奪う。

もし今度、晴れた夜に外を歩く機会があったら、あるいは仕事帰りにバスを逃してバス停で待つ時間があったら、スマホをポケットにしまい、夜空を見上げてほしい。きっとそこに輝いているはずだ。大昔から人のイマジネーションの源となり続けた、淡くまたたく星屑が。毎日形を変える銀色の月が。星々の世界に遊ぶ惑星たちが。運が良ければ流れ星が走るかもしれない。人工衛星や国際宇宙ステーションも見えるかもしれない。

想像してみよう。その美しい星空に、淡い天の川の流れの中に、一千億の世界があることを。

想像してみよう。その多くの世界には、雲が浮かび、雨が降り、川が流れ海に注いでいることを。

想像してみよう。その世界に生える不思議な形の植物や地を闊歩する異形の獣のことを。

想像してみよう。その世界に生まれた好奇心とイマジネーションあふれる知性を。

彼らはどんな言葉を喋っているのだろうか。

彼らはどんな知識を持っているのだろうか。

彼らはどんな哲学を持っているのだろうか。

彼らはどんな歌を歌っているのだろうか。

彼らは何を美しいと思い、何を愛おしいと感じるのだろうか。

そして想像してみよう。彼らの世界の夜空に広がる満天の星を。その無数の星屑のどこかに、太陽系がある。

想像してみよう、彼らが我々と同じようにその夜空を見上げ、想像に耽っている姿を。

想像してみよう。彼らが何を想像しているかを。


〜完〜

参考文献

初出の章を表す。

第1章

- *Jules Verne: An Exploratory Biography.* Herbert R. Lottman. St. Martin's Press. 1997
- *Rocket Man: Robert H. Goddard and the Birth of the Space Age.* David A. Clary. Hachette Books. 2003
- *Von Braun: Dreamer of Space, Engineer of War.* Michael Neufeld. Vintage. 2008
- *Apollo in Perspective: Spaceflight Then and Now.* Jonathan Allday. CRC Press. 1999
- *Red Moon Rising: Sputnik and the Hidden Rivals That Ignited the Space Age.* Matthew Brzezinski. Times Books. 2007
- *Korolev: How One Man Masterminded the Soviet Drive to Beat America to the Moon.* James Harford. New York: Wiley, 1999

第2章

- *A Man on the Moon: The Voyages of the Apollo Astronauts.* Andrew Chaikin. Penguin Books. 2007
- *Apollo: The Race to the Moon.* Charles Murray. Simon & Schuster. 1989
- *Digital Apollo: Human and Machine in Spaceflight.* David A. Mindell. MIT Press. 2011
- Apollo communication transcripts, NASA, available online at: https://www.jsc.nasa.gov/history/mission_trans/mission_transcripts.htm

第3章

- *Cosmos.* Carl Sagan. Random House. 1980
- *Pale Blue Dot: A Vision of the Human Future in Space.* Carl Sagan. Ballantine Books. 1997

- *The Interstellar Age: The Story of the NASA Men and Women Who Flew the Forty-Year Voyager Mission.* Jim Bell. Dutton. 2016
- *Voyager Tales: Personal Views of the Grand Tour.* David W. Swift. AIAA. 1997
- The Exploration History of Europa. Claudia Alexander, Robert Carlson, Guy Consolmagno, Ronald Greeley, and David Morrison. *Europa.* (ed. Robert Pappalardo, William McKinnon, Krishan. Khurana.) University of Arizona Press. 2009

第４章

- What Is Life—and How Do We Search for It in Other Worlds? Chris P McKay. *PLoS Biology 2*(9): e302. 2004
- Overview and Results From the Mars 2020 Perseverance Rover's First Science Campaign on the Jezero Crater Floor. Vivian Sun, et al. *Journal of Geophysical Research.* Planets. 2023
- *Guns, Germs, and Steel: The Fates of Human Societies.* Jared Diamond. W. W. Norton & Company. 2017
- *Alien Oceans: The Search for Life in the Depths of Space,* Kevin Peter Hand. Princeton University Press. 2020
- 生物と無生物のあいだ　福岡伸一著　講談社現代新書　2007
- クマムシ博士の「最強生物」学講座－私が愛した生きものたち－　堀川大樹著　新潮社　2013

第５章

- *Five Billion Years of Solitude*: The Search for Life Among the Stars. Lee Billings. Current. 2013

Source of Inspiration

- 月世界旅行　ジュール・ベルヌ著　鈴木力衛訳　集英社コンパクトブックス
- *Childhood's End.* Arthur C. Clarke. Del Rey. 1953
- ファウスト　ゲーテ著　相良守峯訳　岩波文庫
- *Contact.* Carl Sagan. Orbit. 1985
- *Homo Deus: A Brief History of Tomorrow.* Yuval Noah Harari. Harvill Secker. 2015

謝辞

執筆に2年をかけ、二〇一八年に出版された本書の旧版は、ありがたいことに五万部のヒット作になりました。辛抱強くサポートしてくださったSBクリエイティブの坂口惣一さん、コルクの仲山優姫さん、佐渡島庸平さん、本当にありがとうございました。漫画家の結城貴紀さんは素敵な挿絵を描いてくださいました。コルクの志賀遊大さん、小室元気さん、遠畑絢子さん、上原梓さんにも大変お世話になりました。本書を愛読してくださった読者の皆様、そしてあの「何か」を全国の読者に届けてくださった書店の皆様、とりわけ大阪谷町・隆祥館書店の二村知子店長に心よりお礼申し上げます。

本書および本書の元となったWeb連載に専門的なアドバイスをくださった堀川大樹さん、中島美紀さん、藤島皓介さん、松浦晋也さん、袴田武史さん、佐藤実さん、高橋雄宇さん、深くお礼を申し上げます。前作より家族ぐるみで応援してくださった梅﨑薫さん、創さん、瑛流くん、湧琉くん、読者視点でアドバイスをくださった中筋美佐・絢香さん、加藤成美さん、桐志織さん、鈴木佐智子さん、外川和子・楓さん、奥野文司郎さん、鈴木麻子・梨々花さん、西香織さん、須永祐大さん、田枝正寛さん、白井宏明さん、二上貴夫さん、太田悠介さん、小川洋史さん、笠原はんなさん、関口徹也さん、ミツマチヨシコさん、小田昌幸さん、平山龍一さん、今村俊雄さん、そして読者グループ「宇宙船ピークオッド」のクルーの方、皆様のお力がなければ本書は完成しませんでした。

二〇二三年に、SBクリエイティブの小倉碧さん、吉田凪さんより、新版を出版するという大変光栄なオファーをいただきました。コルクの担当の橋本欣宗さんに加え、旧版の編集者で、その後に自らの出版社「あさま社」を起業した坂口惣一さん、コルクの仲山優姫さんもカムバックしてくれて、最強の制作チームが揃いました。制作チームのみなさん、一緒にまた仕事ができて楽しかったです。おかげで素晴らしい本になりました。

さらに制作の過程で、前回同様多くの一般読者の方に貴重なフィードバックをいただきました。安藤啓司さん、安宅直子さん、伊藤颯真さん、伊藤真由美さん、いとうともこさん、梅﨑薫さん、奥野文司郎さん、小野孝央さん、桐志織さん、久保寺恵子さん、白井康雄さん、鈴木信哉さん、数土冴子さん、髙木隆広さん、髙木仁美さん、常本剛志さん、外川実柊さん、利根川初美さん、中筋美佐さん、西香織さん、西尾昭宏さん、ハンフリーズ広恵さん、穂積佑亮さん、増田郁理さん、増田結桜さん、山下結衣さん、吉田高さん、そして「宇宙船ピークオッド」のクルーの皆様、本当にありがとうございました。

週末も執筆にかかりきりの夫を理解しサポートしてくれた妻に最大の感謝を捧げます。ミーちゃん、ユーちゃん、遊ぶ時間が減ってしまってごめんんね。これからたくさん遊ぼうね。

本書をミーちゃんとユーちゃんに捧げます。貴方たちが生きる世界が、今よりも良き世界になるように。

著者からのメッセージです。ぜひ考えてみてください。

```
1 0 0 1 0 0 0 1 0 0 0 0 0 0 1 0 0 0 0 1 0 0 0 1 0
1 0 0 0 0 0 0 0 0 0 0 0 1 0 0 0 0 0 0 0 1 0 1 0 1 0
0 0 0 0 0 0 0 0 0 0 0 1 0 0 0 1 0 0 0 0 0 0 0 0 0
0 1 0 0 0 0 0 0 0 0 0 0 0 0 1 1 0 1 0 0 1 1 1 0 0
0 0 0 0 0 0 0 0 0 0 0 1 0 0 0 1 0 0 1 0 0 0 0 1 1
0 1 0 0 0 0 0 0 0 0 0 1 0 0 0 0 1 1 0 0 0 0 0 1 1
0 0 0 1 0 0 0 0 0 0 1 0 1 0 0 0 0 1 0 0 0 0 0 0 0
0 0 0 0 1 0 0 0 0 0 0 1 0 1 0 0 0 0 1 0 0 0 0 0 0
1 0 0 0 0 0 0 0 0 0 0 0 0 0 0 0 0 1 0 0 0 0 1 0 0 1
0 0 1 0 0 0 0 0 0 0 0 0 1 0 1 0 0 0 0 0 0 0 1 0
1 0 0 0 0 0 1 1 0 1 0 0 0 0 1 1 0 0 0 0 0 0 1 0 0
0 0 0 1 1 0 0 0 0 1 1 1 0 0 0 0 0 0 0 0 0 0 0 0
1 0 0 0 0 0 0 0 1 0 0 0 0 0 0 0 0 0 0 1 0 1 0 0
0 0 1 0 0 0 0 0 1 0 0 0 1 0 0 0 0 0 0 0 0 0 1 1
0 0 0 1 0 0 0 0 0 1 0 0 1 1 0 0 0 1 0 0 0 0 1 0
1 1 0 0 1 0 0 0 0 0 0 0 1 0 1 0 0 0 0 1 1 0 1 1
0 1 0 1 1 1 0 0 0 0 0 0 1 0 0 0 0 0 0 1 1 0 0 0
0 1 0 0 0 1 0 0 0 0 0 0 0 0 0 0 0 0 1 0 0 0 1
1 0 0 0 0 1 0 0 0 0 0 0 0 1 0 0 0 0 0 1 1 0 0
0 0 1 0 1 0 0 0 0 0 0 0 0 1 0 0 0 0 0 1 1 0 0 0
0 0 1 0 1 0 0 0 0 0 0 0 0 0 0 1 1 0 0 0 0 0 1
0 0 0 0 0 0 0 0 0 0 0 1 1 0 0 0 0 1 0 0 0 1
1 0 0 0 0 0 1 0 0 0 0 0 0 0 0 0 0 0 1 0 0 1
1 0 0 0 0 0 1 0 0 0 0 0 1 0 0 0 0 1 0 0 0 0
0 0 0 0 0 0 0 0 1 0 1 0 1 0 0 0 0 1 0 0 0 0 0
1 0 0 0 0 0 1 0 0 0 0 1 0 1 0 0 1 0 0 0 0 0 1
1 1 0 0 0 0 0 0 0 0 0 1 0 0 1 0 0 0 0 0 0 1 1
0 0 0 1 0 1 0 0 0 0 0 0 0 0 0 1 0 0 0 0 1 0
0 0 1 1 0 1 0 0 0 0 1 0 0 0 0 0 0 0 0 1 0 0 1
0 1 1 0 1 0 0 1 0 0 0 1 1 0 0 0 0 0 0 1 0 0
0 1 1 0 0 1 1 0 0 0 0 0 1 0 0 0 0 0 1 0 0 1
0 1 1 0 0 1 0 0 0 0 1 0 0 1 0 0 0 0 1 1 0 1
1 1 1 0 0 1 1 0 0 1 0 0 0 1 0 0 0 0 1 0 1 1 0
1 0 0 1 1 0 0 0 0 0 0 0 0 0 0 0 0 1 0 0 1 1 0
1 0 0 1 0 0 0 0 0 0 1 1 0 0 0 0 0 0 1 0 0 1 1 0
1 0 0 1 0 0 0 0 0 0 0 0 0 0 0 0 0 0 1 0 0 1 1 0
1 0 0 0 0 0 0 0 1 0 0 0 0 0 0 0 0 1 0 1 0 1 0
1 0 0 0 0 0 0 0 0 0 0 1 0 0 0 0 0 0 0 1 0 1 0
1 1 0 0 0 0 0 0 0 0 0 0 0 0 0 0 0 0 1 0 0 1 0 1 0
0 0 0 0 0 0 0 0 0 0 0 0 0 0 0 0 1 0 0 0 0 0 1 0
0 1 1 0 0 1 0 0 0 0 0 0 0 1 0 1 0 0 0 0 0 1 1
0 0 0 0 0 0 0 0 0 0 0 0 0 0 1 0 0 0 0 0 0 0 0
0 0 1 1 1 0 0 0 0 0 0 1 0 0 0 0 1 0 0 0 0 0 1
0 0 1 0 0 1 0 0 0 0 0 1 1 0 1 0 0 0 0 0 0 0 0
0 0 0 1 0 1 0 0 0 0 0 0 0 0 0 1 0 0 0 1 0 0 0
1 1 0 0 1 0 0 0 0 0 1 0 0 1 0 0 0 0 0 0 1 0 0
0 1 0 0 0 1 1 0 0 0 1 0 0 0 1 0 0 0 0 0 0 1 0 0
0 1 1 0 0 1 1 0 0 0 0 0 1 0 0 0 0 0 0 1 0 0
0 1 0 1 0 0 1 0 0 0 0 1 1 0 0 0 0 0 1 0 1 1
0 0 1 1 0 0 0 0 0 0 0 1 0 0 0 0 0 0 0 1 0 1 1
1 0 1 1 1 0 0 0 0 0 1 0 0 0 0 0 0 0 1 0 0 1 1
```

メッセージ作成協力：利根川初美

著者略歴

小野雅裕（おの・まさひろ）

NASAジェット推進研究所（JPL）所属の惑星ロボット研究者。火星ローバー・パーサヴィアランスの自動運転ソフトウェア開発に携わり、現在は運用チームの一員として火星探査の最前線を支えている。また、土星の氷衛星エンケラドスの地底の海を探査し地球外生命探査をするためのヘビ型ロボット「EELS」の開発を主任研究員（PI）として率いる。1982年大阪生まれ、東京育ち。2005年東京大学工学部航空宇宙工学科を卒業し、同年9月よりマサチューセッツ工科大学（MIT）に留学。2012年に同航空宇宙工学科博士課程および技術政策プログラム修士課程修了。2012年より2013年まで慶應義塾大学理工学部助教。2013年5月よりNASA JPLにて勤務。著書に『宇宙を目指して海を渡る』（2014年、東洋経済新報社）、『宇宙に命はあるのか』（2018年、SBクリエイティブ）、『宇宙の話をしよう』（2020年、SBクリエイティブ）がある。ミーちゃん、ユーちゃんのパパ。阪神ファン。好物はたくあん。

SB新書　655

新版《しんぱん》 宇宙《うちゅう》に命《いのち》はあるのか

生命《われわれ》の起源《きげん》と未来《みらい》を求《もと》める旅《たび》

2024年5月15日　初版第1刷発行

著　者	小《お》野《の》雅裕《まさひろ》
発行者	出井貴完
発行所	SBクリエイティブ株式会社 〒105-0001　東京都港区虎ノ門2-2-1
装　丁	杉山健太郎
DTP 本文デザイン	株式会社キャップス
イラスト	結城貴紀
校　正	有限会社あかえんぴつ
編集協力	コルク（佐渡島庸平、仲山優姫、橋本欣宗）、坂口惣一
編集担当	吉田 凪
印刷・製本	中央精版印刷株式会社

本書をお読みになったご意見・ご感想を下記URL、
または左記QRコードよりお寄せください。
https://isbn2.sbcr.jp/25184/

落丁本、乱丁本は小社営業部にてお取り替えいたします。定価はカバーに記載されております。
本書の内容に関するご質問等は、小社学芸書籍編集部まで必ず書面にて
ご連絡いただきますようお願いいたします。

ISBN　978-4-8156-2518-4